Danilo Diego de Souza
ADAPTAÇÕES de plantas da CAATINGA

Copyright © 2020 Oficina de Textos

Grafia atualizada conforme o Acordo Ortográfico da Língua Portuguesa de 1990, em vigor no Brasil desde 2009.

CONSELHO EDITORIAL Arthur Pinto Chaves; Cylon Gonçalves da Silva; Doris C. C. K. Kowaltowski; José Galizia Tundisi; Luis Enrique Sánchez; Paulo Helene; Rozely Ferreira dos Santos; Teresa Gallotti Florenzano
Capa MALU VALLIM
Projeto gráfico MALU VALLIM
Preparação de figuras e diagramação VICTOR AZEVEDO
Preparação de texto HÉLIO HIDEKI
Revisão de texto NATÁLIA PINHEIRO
Impressão e acabamento BMF GRÁFICA E EDITORA

Dados Internacionais de Catalogação na Publicação (CIP)
(Câmara Brasileira do Livro, SP, Brasil)

Souza, Danilo Diego de
  Adaptações de plantas da caatinga / Danilo Diego de Souza. -- São Paulo : Oficina de Textos, 2020.

  Bibliografia.
  ISBN 978-65-86235-02-9

  1. Botânica - Brasil, Nordeste 2. Caatinga 3. Caatinga - Plantas - Brasil, Nordeste I. Título.

20-36572   CDD-581.9813

Índices para catálogo sistemático:
  1. Plantas : Caatinga : Brasil, Região Nordeste
581.9813
                    Cibele Maria Dias - Bibliotecária - CRB-8/9427

Todos os direitos reservados à OFICINA DE TEXTOS
Rua Cubatão, 798
CEP 04013-003 São Paulo-SP – Brasil
tel. (11) 3085 7933
www.ofitexto.com.br
atend@ofitexto.com.br

 Prefácio

As plantas, para enfrentar os desafios de determinados ambientes, herdaram características favoráveis após várias gerações por meio da seleção natural. Por viverem em determinados ambientes, cada qual apresentando condições ambientais diferenciadas, os vegetais tendem a possuir adaptações que lhes garantem sua sobrevivência e perpetuação. Essa adaptação é caracterizada por mudanças genéticas nos organismos como resultado da ação da seleção natural.

Durante o curso da evolução, as plantas que desenvolveram mecanismos adaptativos foram selecionadas por serem mais adaptadas para enfrentar os fatores ambientais estressantes, de modo a desenvolver-se e reproduzir-se normalmente. Essa capacidade dos seres vivos de se adaptar às exigências do ambiente, por meio de modificações morfológicas, anatômicas, bioquímicas e fisiológicas, foi essencial para que dominassem com sucesso os ambientes.

Além da adaptação genética, as plantas podem responder a flutuações ambientais por meio da plasticidade fenotípica, que é a capacidade de um vegetal de mudar seu fenótipo em resposta a variações do meio. Assim, os mecanismos adaptativos e a plasticidade fenotípica, associados, contribuem para que os vegetais respondam às flutuações ambientais a fim de minimizar o impacto do estresse.

Plantas adaptadas a ambientes xéricos (secos), caracterizados por clima seco e quente, geralmente perdem suas folhas (caducifolia), bem como têm suas folhas reduzidas (microfilia), e inclusive algumas espécies possuem folhas modificadas em espinhos. Essas estratégias servem para minimizar a perda de água, por meio da transpiração, para a atmosfera. Apresentam também outras características xerofíticas, como presença de raízes modificadas (xilopódios) para armazenar água e nutrientes durante os longos períodos de estiagem (seca), caules suculentos e um aparato bioquímico adaptado aos fatores ambientais, entre tantos outros mecanismos visando minimizar os estresses ambientais.

A Caatinga é um ambiente que apresenta escassez hídrica, ou seja, caracteriza-se por possuir baixos índices pluviométricos, além de distribuição irregular das chuvas, que se concentram em apenas três a quatro meses do ano e atingem, em média, 800 mm anuais, sendo que em algumas áreas chove menos que isso. Além do mais, apresenta alta radiação solar e, em consequência, temperaturas elevadas.

A vegetação da Caatinga é altamente adaptada às condições climáticas do semiárido, sendo formada no geral por arbustos e pequenas árvores, que apresentam adaptações e plasticidade fenotípica para lidar com as condições estressantes desse ambiente sazonalmente seco. Muitas espécies conseguem armazenar água em estruturas, como caules e raízes, para utilizar esse recurso nos períodos de seca. Os fatores ambientais também proporcionaram a alguns vegetais o aumento no tamanho das raízes, o que possibilitou a retirada de água dos lençóis freáticos. Além disso, o mecanismo de perda de folhas foi essencial para minimizar a perda de água para a atmosfera, visando reduzir a desidratação, como forma de defesa contra as ameaças de dessecação.

Por apresentar características anatômicas, morfológicas, bioquímicas e fisiológicas adaptativas, as plantas da Caatinga utilizam estratégias para minimizar a perda de água, amenizar a elevada radiação solar e os efeitos associados da alta temperatura e apresentar ciclo de vida curto, entre outras habilidades. As espécies empregam esses mecanismos/características em conjunto, visando diminuir os impactos biológicos provocados pelos fatores ambientais do clima semiárido.

Este livro busca enfatizar a relação integrada entre botânica (anatomia, morfologia e fisiologia), ecologia vegetal e evolução das plantas da Caatinga, evidenciando seus mecanismos adaptativos.

O autor

Sumário

1 A Caatinga 9
   1.1 Os ambientes da Caatinga 9
   1.2 Adaptação e plasticidade fenotípica 19
   1.3 *Deficit* hídrico 22

2 Adaptações morfoanatômicas 25
   2.1 Mecanismo de compensação da fotossíntese 27
   2.2 Mecanismos de regulação do excesso de luz e de controle da transpiração 31
   2.3 Mecanismo de alongamento radicular 40
   2.4 Mecanismos de capacidade de armazenamento de água e reserva nutritiva 41

3 Adaptações fisiológicas 49
   3.1 Mecanismos de controle da transpiração 49
   3.2 Floração intensa e rápida no início da época chuvosa 60
   3.3 Ciclo de vida curto 64
   3.4 Mecanismo de ajuste osmótico 66
   3.5 Mecanismo fotoprotetor 70
   3.6 Mecanismo de defesa antioxidativa 74
   3.7 Metabolismo ácido das crassuláceas (MAC) 80
   3.8 Dormência de sementes 84

Referências bibliográficas 91

A Caatinga

1.1 Os ambientes da Caatinga

As florestas tropicais sazonais secas (FTSS), caracterizadas por chuvas escassas e predominância de períodos secos, estão presentes em algumas partes do planeta. Na América do Sul, um exemplo típico de FTSS é a Caatinga, um bioma localizado exclusivamente no Brasil (Fig. 1.1).

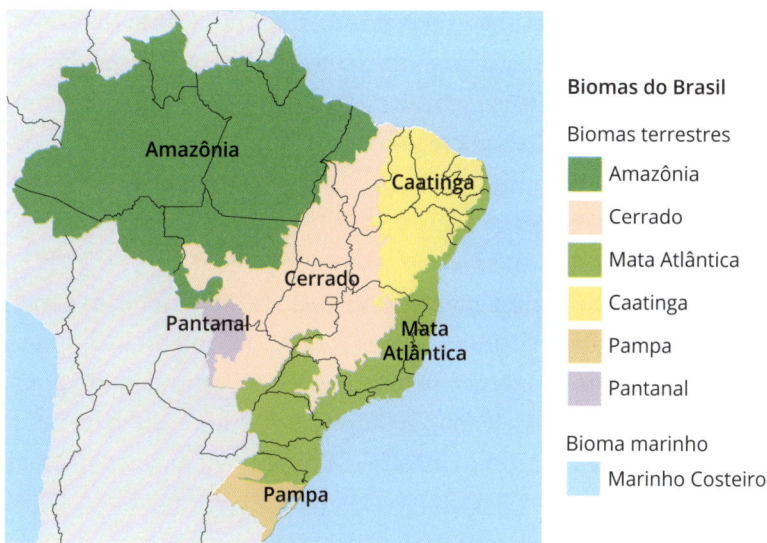

Fig. 1.1 Localização do bioma Caatinga
Fonte: adaptado de High source (CC BY-SA 4.0, https://w.wiki/MjS).

Nesses ambientes secos, a vegetação apresenta comportamentos fenológicos influenciados fortemente pela sazonalidade climática, o que promove mudanças na vegetação de acordo com o clima. Nas épocas de *deficit* hídrico, por exemplo, algumas plantas precisam investir em estratégias de conservação de água, como seu armazenamento em tecidos especializados, abscisão foliar e abertura estomática durante o período noturno (plantas com metabolismo ácido das crassuláceas – CAM), entre outros mecanismos relacionados às estratégias de economia hídrica.

Segundo Velloso, Sampaio e Pareyn (2002), a Caatinga é caracterizada por um clima quente e semiárido, fortemente sazonal, com menos de 1.000 mm anuais de chuva, distribuídos quase totalmente num período de três a seis meses. Já para Sampaio (1995), as precipitações médias anuais podem variar entre 380 mm e 800 mm. A precipitação anual varia muito no tempo e no espaço. Grande parte da Caatinga (68,8%) recebe chuvas entre 600 mm e 1.000 mm por ano, sendo que 0,6% da região recebe abaixo de 400 mm, 21,9% recebem entre 400 mm e 600 mm, 7,1% recebem entre 1.000 m e 1.200 mm e 1,6% recebe mais de 1.200 mm. Em algumas regiões montanhosas, por causa dos efeitos orográficos, a precipitação pode chegar a 1.800 mm anuais (Silva et al., 2017b). Assim, as características do relevo definem alguns locais com maiores altitudes, nos quais se desenvolvem microclimas específicos; além do mais, a proximidade com o oceano, em algumas regiões, resulta na influência das frentes frias e em maiores índices pluviométricos (Moura et al., 2007).

Além de precipitações baixas e erráticas, a evapotranspiração potencial da região é alta, entre 1.500 mm e 2.000 mm por ano (Velloso; Sampaio; Pareyn, 2002). Portanto, isso significa que a evapotranspiração potencial anual excede os valores de precipitação em muitas regiões na Caatinga, isto é, os valores de evapotranspiração em grande parte do bioma são superiores aos de precipitação, já que há um longo período seco, geralmente de sete a nove meses.

A Caatinga é um ambiente caracterizado por altos índices de radiação solar, pelo fato de a região estar localizada próximo à linha do equador, na qual o ângulo de radiação é mais direto. Essa elevada radiação solar contribui para a ocorrência de altas temperaturas (Fig. 1.2).

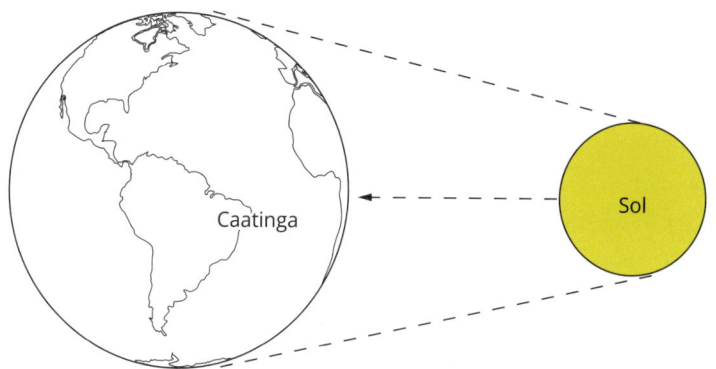

Fig. 1.2 *Radiação solar na Caatinga*

Duas características marcantes do clima semiárido desse bioma são a temperatura média relativamente alta, variando de 25 °C a 30 °C (Silva et al., 2017b), e a umidade relativa média do ar em torno de 50% (Moura et al., 2007).

As secas são longas e frequentes, sendo essa uma característica natural do bioma Caatinga. Dessa forma, sua vegetação fica sujeita a longos períodos estressantes devido à deficiência hídrica sazonal. Assim, a diversidade de paisagens da Caatinga é moldada pelo período seco, o qual interfere diretamente na dinâmica das comunidades vegetais.

Da totalidade de chuvas que ocorrem nessa região, 88% são convertidas em evapotranspiração real, 9% se tornam escoamento superficial e somente 3% se transformam em escoamento subterrâneo. Com isso, verifica-se um balanço hídrico negativo, e a disponibilidade de água fica restrita à estação chuvosa (Silva et al., 2017b).

A Caatinga é caracterizada por uma fisionomia geralmente caducifólia, em razão de grande parte do bioma apresentar clima sazonal seco. Seu nome tem origem indígena e significa "vegetação branca", em referência à paisagem com aspecto branco e acinzentado durante o período seco, em que os troncos e os ramos das plantas decíduas se destacam em virtude da ausência de folhas (Fig. 1.3).

Fig. 1.3 *Aspecto da vegetação da Caatinga na época seca em Ouricuri (PE)*

Sua área corresponde a cerca de 844.453 km², sendo o quarto maior bioma brasileiro, situado em grande parte na região Nordeste e com a ocorrência de várias espécies endêmicas, ou seja, que existem exclusivamente nesse bioma. Segundo Brasil (2002), apresenta grande riqueza de ambientes e espécies vegetais. Estima-se que pelo menos 932 espécies de plantas vasculares já tenham sido registradas, sendo 380 endêmicas. Em relação à fauna, a Caatinga também apresenta grande biodiversidade, abrigando 591 espécies de aves, 178 de mamíferos, 177 de répteis, 79 de anfíbios, 221 de abelhas e 241 de peixes. Além disso, cerca de 27 milhões de pessoas vivem na região. Trata-se do bioma semiárido mais biodiverso do mundo, sendo de extrema importância sua conservação e preservação (Brasil, 2012).

A Caatinga tem sido bastante alterada pela ação antrópica, e, apesar das ameaças à sua integridade, menos de 2% do bioma está protegido como unidades de conservação de proteção integral (Tabarelli; Vicente, 2003).

As alterações ambientais em muitas áreas desse bioma por meio de atividades extrativas predatórias, como a extração da vegetação de forma insustentável, são preocupantes, pois estão aumentando continuamente sua degradação. É urgente a preservação aliada ao manejo sustentável dos recursos florestais para minimizar o dano ambiental, uma vez que algumas áreas já estão vulneráveis à desertificação.

A restauração natural da Caatinga é mais lenta e mais complexa em relação aos outros biomas brasileiros devido aos fatores climáticos, como a seca. O potencial de regeneração é baixo e lento, logo a supressão de seus recursos florestais de forma indiscriminada põe em risco sua biodiversidade e seus recursos hídricos, já que a vegetação ao longo dos cursos d'água desempenha papel importante em sua proteção.

Esse bioma apresenta diferentes tipos de solo, formando um mosaico heterogêneo. Isso ocorre principalmente por causa do efeito diferencial da erosão das duas formações geológicas presentes na região, a porção cristalina e as bacias sedimentares, que são as principais unidades geomorfológicas da Caatinga (Sampaio, 2010). Os terrenos da porção cristalina são caracterizados por solos rasos, argilosos e rochosos (Sampaio, 1995). Já os terrenos das bacias sedimentares apresentam solos geralmente mais antigos, bem intemperizados, profundos, menos variáveis que os cristalinos e, via de regra, bem drenados, com boa capacidade de retenção de água (Sampaio, 2010).

Os solos da Caatinga, em geral, são predominantemente rasos e pedregosos, apresentando uma rocha-mãe pouco intemperizada e um elevado número de afloramentos das rochas maciças (Ab'Sáber, 1974), haja vista que a maior parte da área semiárida está localizada na porção cristalina (Sampaio, 1995), ocupando aproximadamente 70% da área total do bioma (Fernandes; Queiroz, 2018).

Adaptações de plantas da Caatinga

Em geral, esses solos possuem pouca matéria orgânica, devido principalmente à produção de biomassa vegetal ser limitada por causa da escassez hídrica presente na maior parte do ano. Além da escassez hídrica, outros fatores climáticos, como a alta radiação solar e as temperaturas elevadas associadas, promovem a rápida decomposição da serapilheira, o que resulta no baixo acúmulo de biomassa no solo.

O relevo da Caatinga apresenta muitos *inselbergs*, que são blocos rochosos resultantes dos processos naturais. Nessas áreas rochosas, há a predominância de plantas rupícolas, que são espécies adaptadas que vivem sobre afloramentos rochosos, como as espécies suculentas das famílias Cactaceae e Bromeliaceae (Fig. 1.4). O acúmulo de areia e outros detritos, além de quantidades de matéria orgânica nas fendas, auxilia esses grupos de plantas suculentas a se instalar nesses ambientes rochosos.

Fig. 1.4 *Plantas suculentas das famílias Cactaceae e Bromeliaceae em ambiente rochoso no sertão pernambucano*

Em decorrência do longo período seco, muitos cursos d'água na Caatinga podem permanecer secos por mais de 18 meses. Contudo, durante a estação chuvosa, alguns reservatórios naturais são preenchidos por água. Algumas rochas, por exemplo, têm formatos que favorecem o armazenamento de água no período das chuvas (Fig. 1.5A), o que é excelente para a biodiversidade nesse ambiente com baixa precipitação. Nessas áreas rochosas do embasamento cristalino, a água da chuva escoa com facilidade e os rios geralmente são temporários.

A vegetação aquática é também um destaque na paisagem da Caatinga durante as épocas chuvosas. Em ambientes onde a água é armazenada durante um certo período (corpos d'água temporários), as espécies aquáticas mostram suas belezas (Fig. 1.5B).

Fig. 1.5 (A) *Acúmulo de água em rocha fraturada com grande presença de fitoplâncions, registrado em Petrolina (PE), e (B) alguns indivíduos de* Hydrocleys martii *presentes em um corpo d'água temporário na mesma região*

A Caatinga possui uma rede fluvial formada por rios intermitentes (temporários) e perenes, com a predominância de cursos d'água intermitentes. Ambos são alterados pela ação humana, como a supressão das matas ciliares, o que contribui para processos erosivos nas margens, ocupação das margens para construção civil ou produção agrícola, despejo de esgoto bruto e destinação inadequada dos resíduos sólidos, entre outros.

Entre os poucos cursos d'água perenes nesse bioma estão os rios São Francisco e Parnaíba, os dois principais da região Nordeste, ambos com nascentes localizadas fora dos domínios do Semiárido (Brasil, 2011). O rio São Francisco tem uma extensão de aproximadamente 2.863 km, sendo que sua bacia hidrográfica possui uma dimensão territorial estimada em 639.217 km² (CBHSF, 2017). Já o rio Parnaíba, o segundo maior da região, tem aproximadamente 1.400 km de extensão e sua bacia hidrográfica se estende por uma área de 331.441 km² (Brasil, 2006).

O São Francisco é o maior e mais importante rio perene da região semiárida. Esse grande curso d'água exclusivamente brasileiro percorre muitos domínios fitogeográficos da Caatinga. Sua água possui múltiplos usos, como consumo humano, irrigação, uso industrial, geração de energia, pesca, lazer etc. O emprego de suas águas para irrigação é destaque na região do Vale do São Francisco, onde a agricultura irrigada, principalmente a fruticultura, assume um papel relevante (Fig. 1.6).

Fig. 1.6 *Trecho do rio São Francisco no município de Petrolina (PE). Ao fundo, destaca-se a Ilha do Massangano*

A Caatinga 17

Como consequência de sua grande extensão territorial, compreendendo aproximadamente 11% do território nacional, a Caatinga apresenta variações climáticas e de relevo, formando diferentes habitat, tais como as chapadas, as depressões e as dunas. Essas regiões formam um microclima composto de um conjunto de elementos climáticos que proporcionam a formação de diferentes tipos vegetacionais (Fig. 1.7). Nessas diferentes regiões, a estrutura das comunidades e a composição das espécies são influenciadas por muitos fatores, sobretudo a água, por ser um recurso essencial na manutenção da vida.

A grande heterogeneidade florística da Caatinga reflete as adaptações da vegetação a condições particulares de solo e clima. Estudos fitogeográficos têm revelado que diferenças no solo desempenham uma função essencial nas variações florísticas e ecológicas e determinam a existência de duas biotas principais: a Caatinga arenosa, relacionada a solos arenosos profundos com fertilidade reduzida, e a Caatinga do Cristalino, relacionada a solos com alta ou moderada fertilidade da unidade geoambiental Depressão Sertaneja. Um terceiro conjunto florístico é representado pela Caatinga arbórea, que ocorre principalmente no centro-sul da Bahia e na borda oriental da Chapada Diamantina, bem como no norte de Minas Gerais (Fernandes; Queiroz, 2018).

A água é um recurso essencial para a manutenção dos ecossistemas, e sua restrição, acarretando *deficit* hídrico, pode ser um fator limitante para as atividades fisiológicas das plantas. Para minimizar os danos causados pelo estresse hídrico, as plantas desenvolveram estratégias adaptativas, de modo a preservar suas funções vitais de crescimento e desenvolvimento. Assim, muitas plantas da Caatinga apresentam resistência genética à seca, com características adaptativas associadas às condições ambientais, destacando-se a caducifolia, a presença de xilopódios, a suculência, a presença de espinhos, o ajuste osmótico, o alongamento radicular, a dormência em sementes, plantas herbáceas de ciclo anual (escape à seca), entre outras características adaptativas. Em prol da economia hídrica, as plantas podem então combinar mecanismos adaptativos intimamente relacionados, com o objetivo de minimizar a perda de água para a atmosfera e tolerar a desidratação.

Fig. 1.7 *Diferentes paisagens da Caatinga: (A) Chapada Diamantina, em Palmeiras (BA), (B-C) Depressão Sertaneja, em Petrolina (PE), e (D) dunas do rio São Francisco, em Casa Nova (BA)*

Os resultados da evolução estão intimamente associados ao ambiente (seleção natural). Ao longo do percurso evolutivo, as plantas tiveram que lidar com as limitações ambientais e se ajustar a esses fatores, desenvolvendo estratégias adaptativas, o que confere tais aspectos característicos da vegetação desse bioma. Portanto, os fatores ambientais foram determinantes para a evolução e a diversificação das formas e funções das plantas da Caatinga.

Logo após as primeiras chuvas, a vegetação da Caatinga mostra seu potencial genético de resistência à seca ao rebrotar intensamente, promovendo crescimento e desenvolvimento em curto prazo, pois as plantas acionam vários mecanismos para se ajustar rapidamente aos períodos favoráveis, com o objetivo de armazenar água e nutrientes para sobreviver durante os períodos desfavoráveis. Elas também se reproduzem nesse período chuvoso em curto espaço de tempo, para a perpetuação da espécie. Essa capacidade de se ajustar após um período desfavorável é conhecida como resiliência, e é um destaque ecológico da vegetação da Caatinga. Tais mecanismos adaptativos, como também a plasticidade fenotípica, associados, contribuem para que os vegetais respondam às flutuações ambientais.

1.2 Adaptação e plasticidade fenotípica

O ambiente influencia as características dos organismos, fazendo com que eles sofram alterações. Nos mais variados tipos de *habitat*, compostos de uma diversidade de fatores ambientais estressantes, as plantas se tornaram aptas a sobreviver por terem sofrido mudanças evolutivas. Tais fatores ambientais induziram mudanças de ordem genética nas plantas, as quais foram selecionadas a fim de garantir sua sobrevivência e capacidade de reprodução. Mutações genéticas, recombinação gênica e seleção natural garantiram a formação de novas características nelas ao longo do curso evolutivo, iniciado há cerca de 1,5 bilhão de anos. Desse modo, as plantas apresentam grande variedade de características anatômicas, morfológicas, bioquímicas e fisiológicas, habilitando-as a sobreviver em ambientes diversos.

Durante o processo evolutivo, as mutações levaram a uma variabilidade genética e ao surgimento de novas características nas espécies. Essas características, que eram vantajosas para a sobrevivência de indivíduos em seu *habitat*, foram passadas de uma geração para outra. Por meio da seleção natural, caracteres genéticos que estão naturalmente presentes nos vários grupos de plantas são amplificados, intensificados e combinados de várias formas, dando origem a adaptações relacionadas às condições de um ambiente específico. Entretanto, algumas estruturas superficiais funcionais específicas evoluíram várias vezes na natureza, logo elas existem em diversos grupos de plantas que não estão intimamente relacionados. Esses caracteres são chamados de polifiléticos. Outros são monofiléticos, o que significa que uma característica específica ocorre exclusivamente em um grupo de plantas, por exemplo, uma família ou um gênero. Um exemplo disso são as plantas suculentas, adaptadas para o armazenamento de água (Koch; Bhushan; Barthlott, 2009).

Charles Robert Darwin e Alfred Russel Wallace foram os principais cientistas responsáveis pela ideia da seleção natural. A viagem de Darwin a bordo do navio Beagle foi fundamental para o desenvolvimento da teoria da evolução por seleção natural. Seus estudos pelo mundo resultaram na publicação de seu livro *A origem das espécies*, em 1859, uma grande contribuição para a ciência. Segundo Darwin, as espécies sofrem mudanças ao longo do tempo, sendo selecionadas as mais adaptadas.

Adaptações são características especiais adquiridas ao longo do processo evolutivo, associadas aos fatores ambientais e determinadas geneticamente, que permitem que os seres mais aptos sobrevivam às pressões ambientais, sendo essas características favoráveis herdadas pelas gerações seguintes. Adaptação é, portanto, uma propriedade que os seres vivos adquiriram evolutivamente para garantir a sobrevivência e a reprodução dos seres selecionados no ambiente.

O fenótipo designa as características evidentes de um ser vivo, como os atributos bioquímicos, fisiológicos e morfológicos. A interação do genótipo com o ambiente pode resultar em alterações no fenótipo. A habilidade de uma planta em ajustar-se às variações ambientais, alterando sua bioquímica, fisiologia e morfologia em resposta aos fatores abióticos, é conhecida como plasticidade fenotípica. Dessa forma, além da adaptação, as plantas também alteram sua bioquímica, fisiologia e morfologia para responder às flutuações ambientais, por meio dessa resposta fenotípica de cada genótipo (indivíduo).

As mudanças associadas à plasticidade fenotípica não demandam novas modificações genéticas e muitas delas são reversíveis, ou seja, são mudanças temporárias, frequentemente reversíveis e não herdáveis (Mickelbart; Hasegawa; Salt, 2010). Muitas plantas da Caatinga são altamente plásticas, respondendo rapidamente às variações ambientais com mudanças em curto prazo, como regulação estomática, mudanças na área foliar, de potencial osmótico, entre outras. Além disso, também podem tolerar uma gama de fatores ambientais estressantes, sendo capazes de crescer e desenvolver-se sob o clima semiárido, com alta intensidade de luz, elevadas temperaturas e *deficit* hídrico.

Em determinados ambientes, as plantas precisam ajustar rapidamente seu metabolismo perante as condições ambientais favoráveis para obter carboidratos, ou seja, devem responder com intensa atividade metabólica, por meio da fotossíntese, no primeiro sinal ambiental favorável a fim de obter energia e nutrientes para crescer e desenvolver-se, assim como devem armazenar esses nutrientes em quantidade suficiente para enfrentar os períodos desfavoráveis.

As plantas da Caatinga, durante as épocas de maior disponibilidade hídrica (estação chuvosa), desenvolvem maior área foliar, tanto por meio do número mais elevado de folhas quanto por meio de seu tamanho maior, para aumentar a produção de fotossintatos (produtos da fotossíntese), com intensa atividade metabólica, estocando-os a fim de assegurar sua sobrevivência durante a longa estação seca. Desse modo, ajustes fisiológicos e de desenvolvimento desempenham papéis importantes como respostas às flutuações ambientais.

Adaptação genética e plasticidade fenotípica podem colaborar na tolerância global da planta a extremos ambientais. Assim, a capacidade de um vegetal em sobreviver e se desenvolver em um determinado ambiente está relacionada a um balanço entre a adaptação genética e a plasticidade fenotípica (Mickelbart; Hasegawa; Salt, 2010).

Os caracteres adaptativos das plantas da Caatinga têm origens em uma variada gama de fatores ambientais, em especial os fatores climáticos, os quais conduziram sua evolução, ou seja, esses fatores foram pressões seletivas que impulsionaram sua evolução. A integração dos aspectos adaptativos e da plasticidade fenotípica é necessária para o sucesso das plantas no ambiente.

1.3 Deficit hídrico

A água é o fator mais determinante para a vida das plantas, pois é um recurso limitante no metabolismo, sendo essencial na fisiologia e na bioquímica. A exposição das plantas à insuficiência hídrica pode afetar suas relações hídricas, provocando limitações fisiológicas, tais como a supressão ou a redução da fotossíntese, que, consequentemente, afetam o crescimento e o desenvolvimento.

O deficit hídrico do ambiente pode afetar o status hídrico das plantas, fato que ocorre com grande frequência em plantas de ambientes secos, influenciando diretamente seu crescimento e desenvolvimento reprodutivo. Na Caatinga, que apresenta deficit de precipitação, as plantas estão constantemente submetidas à deficiência hídrica sazonal. Além da baixa precipitação, a alta intensidade de radiação solar aumenta a temperatura do ambiente e proporciona uma alta demanda evaporativa, resultando num ambiente mais seco na maior parte do ano (época seca).

Devido às altas demandas evaporativas nesse bioma, o decréscimo no conteúdo de água do solo é previsível, tornando-se um desafio a ser enfrentado pelas plantas. A maior capacidade de absorção de água pelas raízes ocorre facilmente quando o conteúdo hídrico do solo está com condições favoráveis, ou seja, com boa condutividade hidráulica. Por outro lado, quando o conteúdo de água do solo diminui, com o consequente decréscimo em sua condutividade hidráulica, limita-se a capacidade da planta de realizar sua absorção.

Vale ressaltar que, na época seca, muitas plantas da Caatinga perdem suas folhas e grande parte da radiação solar disponível é usada para aquecer o solo e o ar, o que causa um aumento da temperatura do ambiente, agravando o estresse. Em contrapartida, em plantas com folhas, principalmente na época chuvosa, a evapotranspiração resulta em menor aquecimento do ar, pelo fato de as plantas liberarem correntes de vapor, por meio da transpiração, juntamente com os cursos d'água.

A deficiência hídrica, associada a outros fatores ambientais, proporcionou alterações (adaptações e plasticidade fenotípica) nas plantas, capacitando-as a enfrentar os estresses ambientais a fim de mitigar seus efeitos.

Em razão de lidarem constantemente com a limitação hídrica, as plantas da Caatinga desenvolveram muitas estratégias para enfrentar as ameaças danosas da seca. Em situações de *deficit* de precipitação e altas temperaturas, muitas plantas utilizam mecanismos para a conservação de água no organismo como resposta ao estresse ambiental. Como resultado do *deficit* hídrico, elas acionam vários mecanismos bioquímicos, fisiológicos e morfológicos integrados, os quais são vantagens adaptativas, assim como ajustes metabólicos temporários a seu favor para facilitar a economia hídrica. As respostas das plantas ao estresse hídrico incluem o fechamento estomático, o enrolamento e o dobramento foliar, o ajuste osmótico, o espessamento de cera cuticular, a redução da área foliar, a abscisão foliar, o alongamento radicular e a redução nos teores de clorofila, entre outras.

Pelo fato de o clima influenciar fortemente a fenologia das plantas, em ambientes secos e com precipitação irregular, como na Caatinga, as plantas apresentam padrões fenológicos que minimizam os efeitos do estresse hídrico.

Nesse bioma, é comum a presença de espécies que utilizam a estratégia de escape à seca, como herbáceas de ciclo de vida curto, com rápido desenvolvimento de eventos fenológicos nas épocas chuvosas, o que as habilita a completar o ciclo de vida durante essas épocas favoráveis. Por outro lado, muitas espécies perenes que enfrentam a seca exibem padrão fenológico decíduo, suportando o estresse hídrico; dessa forma, permanecem dormentes durante os longos períodos de seca, retomando seu crescimento e desenvolvimento após as primeiras chuvas.

Essa característica da vegetação da Caatinga de manter-se dormente durante os períodos secos, com redução das atividades metabólicas para economia hídrica, foi adquirida durante o processo evolutivo, com o objetivo de resistir ao *deficit* hídrico, permitindo a sobrevivência das plantas nessas condições ambientais desfavoráveis. Além disso, nessas condições ambientais, várias espécies de plantas podem também expressar a plasticidade fenotípica, a fim de minimizar o impacto do estresse.

Adaptações morfoanatômicas

Segundo estudos científicos, a formação da Terra ocorreu há 4,6 bilhões de anos. De aproximadamente 3,5 bilhões de anos atrás é datada a primeira evidência de vida na Terra. Seguindo o percurso da história evolutiva, uma evidência fóssil de cerca de 1,5 bilhão de anos é um indício do aparecimento dos seres eucariontes. Já o surgimento das primeiras plantas terrestres é estimado em cerca de 500 milhões de anos.

A história evolutiva das plantas evidencia o grande desafio da transição do ambiente aquático para o ambiente terrestre, isso porque as algas são os parentes mais próximos delas. Esse período evolutivo foi marcado por profundas mudanças na morfologia, na anatomia e na fisiologia das plantas.

As algas verdes habitam vários locais, inclusive ambientes terrestres. Podem ser consideradas os seres mais próximos das plantas, os ancestrais das plantas terrestres, por compartilhar características em comum com elas, como as clorofilas *a* e *b*. Seguindo a linha evolutiva, após as algas verdes aparecem as briófitas, que são plantas avasculares, como as hepáticas, os musgos e os antóceros. Elas foram fundamentais na colonização do ambiente terrestre e são as precursoras da cutícula, uma importante aquisição adaptativa para reduzir a perda de água para a atmosfera.

As características foram evoluindo até surgirem os vasos condutores para suprir as necessidades hídricas e nutricionais do corpo da planta no ambiente terrestre, funcionando também como um sistema de sustentação devido à lignificação do tecido conferir rigidez à planta, sendo esses importantes atributos para a diversificação das plantas no ambiente terrestre. A presença dos vasos condutores veio a aparecer nas pteridófitas, plantas que não apresentam sementes. Essa adaptação reprodutiva (sementes) surgiu nas gimnospermas, sendo considerada uma importante inovação nesse grupo por oferecer proteção ao embrião. Outros caracteres reprodutivos surgiram, como frutos e flores, no grupo de plantas mais evoluído, as angiospermas. O desenvolvimento de flores e frutos tem papel ecológico fundamental, respectivamente na polinização e na dispersão de sementes. Essas estruturas constituem um caráter taxonômico importante nesse grupo (Fig. 2.1).

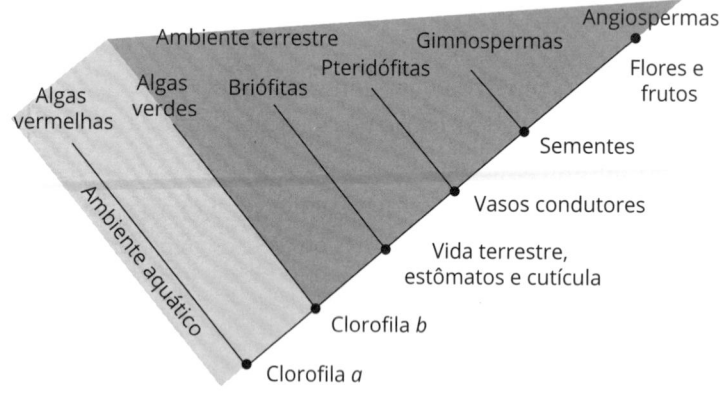

Fig. 2.1 Cladograma da evolução das algas e plantas

Ao colonizar os habitat terrestres, as plantas tiveram que se defrontar com uma gama de fatores estressantes. Aquelas selecionadas por serem mais adaptadas se desenvolveram em uma diversidade de ambientes. Essas adaptações foram adquiridas em resposta às condições peculiares de cada habitat.

Em ambientes como a Caatinga, as plantas tiveram que vencer os desafios impostos pela carência de água por longos períodos para poder crescer e se desenvolver. Assim, a seleção natural selecionou plantas com maior aptidão para lidar com as demandas conflitantes do ambiente. Essa vegetação que desenvolveu um conjunto de adaptações vantajosas foi selecionada visando minimizar os impactos dos fatores ambientais do clima semiárido.

Para lidar com as alterações ambientais e também evitar a dessecação imposta pelo clima seco da Caatinga, as plantas desenvolveram algumas estratégias morfoanatômicas, como órgãos com capacidade de armazenar água e nutrientes, caules com presença de clorofila para compensar a fotossíntese, microfilia para facilitar a dissipação de calor e reduzir a perda de água, espinhos com função protetora, refletora da radiação solar e dissipadora de calor, entre outras. Tais características serão abordadas a seguir.

2.1 Mecanismo de compensação da fotossíntese

As plantas são capazes de converter energia solar em energia química, sendo esta armazenada nas ligações químicas por processos complexos realizados com muita eficiência. A descoberta da fotossíntese marcou a história da Ciência, pois a maioria dos organismos vivos são mantidos por essa energia e essa matéria orgânica gerada na fotossíntese, as quais são transferidas aos demais seres vivos da cadeia alimentar. Além dessa energia e matéria orgânica, o oxigênio liberado no processo é consumido por muitos seres vivos. Para realizar o processo fotossintético, as plantas necessitam de energia luminosa, gás carbônico e água, de acordo com a equação simplificada apresentada na Fig. 2.2.

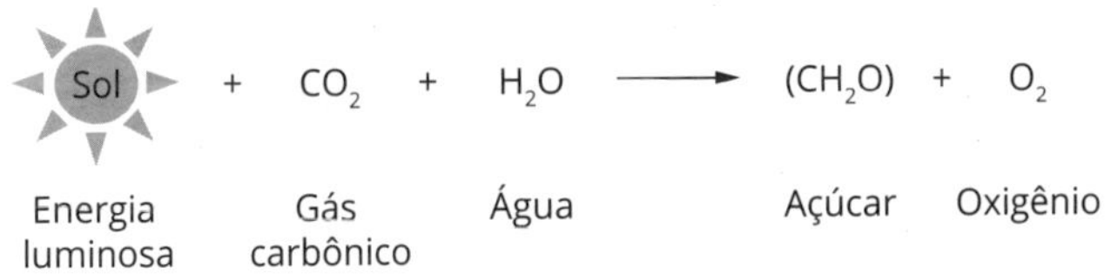

$$\text{Sol} + CO_2 + H_2O \longrightarrow (CH_2O) + O_2$$

Energia luminosa   Gás carbônico   Água   Açúcar   Oxigênio

Fig. 2.2 *Equação simplificada da fotossíntese*

A folha é o principal órgão fotossintético das plantas, apresentando grande quantidade de cloroplasto, organela onde ocorre a fotossíntese. O açúcar produzido nesse órgão serve como fonte de energia para as células vegetais e também como fonte de carbono para a síntese de biomoléculas, essenciais para o crescimento e o desenvolvimento da planta.

Além das folhas, outros órgãos fotossintéticos das plantas, como os caules, desempenham funções estratégicas para a manutenção de sua sobrevivência, principalmente durante os períodos desfavoráveis, como a seca, nos quais aumenta a vulnerabilidade dos indivíduos, afetando seu crescimento e desenvolvimento.

Plantas suculentas usam o cladódio como órgão fotossintético. O cladódio é uma espécie de caule modificado caracterizado por desempenhar a função fotossintetizante das folhas e está presente na maioria dos cactos. É uma notável característica adaptativa e tem um caráter taxonômico de importância para a classificação dessa família botânica (Cactaceae). Porém, existem algumas exceções de cactos com características distintas, apresentando folhas, como as espécies do gênero *Pereskia*. São exemplos a *Pereskia bahiensis* Gürke e a *Pereskia grandifolia* Haw., encontradas em áreas de Caatinga (Fig. 2.3).

Fig. 2.3 Cactácea Pereskia grandifolia *com presença de folhas e de espinhos*

Além dos cladódios, os caules de algumas espécies lenhosas contêm clorofila, o que permite realizar um processo fotossintético para compensar a ausência de fotossíntese foliar e auxiliar em seu crescimento e desenvolvimento. Portanto, essa estratégia tem uma razão evolutiva, que é garantir a continuidade do processo fotossintético sem se expor à perda de água e à ameaça de desidratação, como ocorre com as folhas, que perdem muita água por meio da transpiração devido aos estômatos; já os caules têm pouca perda de água.

O fechamento estomático é uma das primeiras respostas ao estresse hídrico para proteger as plantas da perda de água, sendo uma importante estratégia para a conservação do conteúdo hídrico. Quando o estresse se agrava, as folhas podem sofrer abscisão, e esses dois fatores – fechamento estomático e abscisão foliar – podem limitar o fornecimento de CO_2 para as plantas.

Em contraste com a fotossíntese foliar, o CO_2 não é um fator limitante para a fotossíntese cortical (caulinar) (Teskey et al., 2008). A reciclagem interna de CO_2 por meio da fotossíntese caulinar pode ser considerada um componente de adaptação das plantas para lidar com a seca (Bloemen et al., 2013).

Embora o CO_2 no interior do caule das árvores seja muito alto em relação ao da atmosfera, a quantidade total disponível para ser fixada pela fotossíntese do caule é frequentemente pequena se comparada com aquela fixada da atmosfera por meio da fotossíntese foliar (Teskey et al., 2008). Mesmo assim, em condições de deficiência hídrica, a fotossíntese caulinar de espécies lenhosas pode ser vantajosa para as plantas.

Sob condições de seca severa, a vegetação caducifólia da Caatinga perde suas folhas, e os tecidos lenhosos fotossintéticos de algumas plantas, ou seja, aqueles que apresentam clorofila, podem auxiliar na realização da fotossíntese, o que contribui para o ganho de carbono, particularmente no período seco.

A espécie *Commiphora leptophloeos* (umburana-de-cambão) e algumas espécies do gênero *Pseudobombax*, como *Pseudobombax marginatum* (embiratanha) e *Pseudobombax simplicifolium*, além de apresentarem o mecanismo de perda total de folhas (caducifolia), possuem a presença de clorofila no caule para compensar a realização da fotossíntese, sendo uma estratégia para auxiliar em seu desenvolvimento (Figs. 2.4 e 2.5).

Fig. 2.4 Indivíduos de Commiphora leptophloeos com presença de clorofila no caule

Fig. 2.5 Indivíduos de Pseudobombax marginatum com presença de clorofila no caule

Apesar de os caules adaptados à fotossíntese apresentarem baixas taxas fotossintéticas em comparação com a fotossíntese foliar, essa estratégia adaptativa permite que as plantas realizem a fotossíntese mesmo com funções fisiológicas reduzidas, como em condições de *deficit* hídrico. Assim, com a perda de folhas, essa característica adaptativa pode contribuir para a manutenção das atividades fisiológicas das plantas. Portanto, essa adaptação é uma estratégia ecofisiológica, funcionando como uma via alternativa para fornecer carboidratos necessários para as plantas, podendo minimizar os efeitos da seca.

2.2 Mecanismos de regulação do excesso de luz e de controle da transpiração

A luz tem múltiplas influências sobre as plantas, porém pode se tornar um fator crítico, pois, se recebida em escassez ou em excesso, pode frequentemente limitar seu crescimento. Na Caatinga, em razão da alta intensidade luminosa, as plantas ficam constantemente expostas a elevada incidência de radiação ultravioleta (UV), o que pode deixar a vegetação sujeita ao estresse luminoso. À medida que ocorre a redução da disponibilidade hídrica, quando se inicia a época seca, associada à elevada intensidade luminosa e às altas temperaturas, o ambiente se torna mais estressante.

Durante a evolução, o estresse ambiental provocado, por exemplo, pela seca, pelo excesso de luz e pelas altas temperaturas induziu mudanças nas plantas, permitindo que desenvolvessem um sistema de defesa contra o estresse. O surgimento de adaptações de órgãos ou estruturas relacionadas às condições ambientais, tais como a proteção contra a alta intensidade luminosa e o controle da transpiração, comuns em plantas de ambientes xéricos, é uma resposta fundamental dos vegetais para mitigar os efeitos estressantes da seca e do excesso de luz.

As folhas são órgãos que apresentam características morfológicas bem diversas, sofrendo variações até mesmo dentro de um único indivíduo, já que os fatores ambientais as tornam susceptíveis a mudanças constantes, por meio de sua plasticidade fenotípica. Dessa forma, a folha é o órgão que mais responde às mudanças do ambiente. Para a manutenção dos processos fisiológicos em perfeito estado, as folhas precisam controlar sua temperatura, ajustando-se da melhor maneira ao fator ambiental. Quando expostas ao excesso de luz, as folhas precisam dissipar o excedente de energia luminosa absorvido, de modo que não prejudique os processos fotossintéticos (Sandquist; Ehleringer, 2015). Algumas espécies são capazes de mudar a orientação de suas folhas para influenciar suas taxas transpiratórias, pois, ao orientá-las paralelamente aos raios solares, a temperatura foliar é reduzida e, como consequência, a transpiração também é diminuída (Holbrook, 2015b).

Em períodos de elevada demanda evaporativa ou em períodos noturnos, quando a folha não realiza fotossíntese, os movimentos de orientação e dobramento foliar ajudam a reduzir a desidratação, visto que uma menor área foliar exposta promove uma menor perda de água por transpiração, e esses movimentos se tornam essenciais para tentar manter o *status* hídrico das plantas. Algumas plantas da Caatinga realizam o movimento de dobramento foliar no período noturno para economizar água e, durante o dia, podem orientar suas folhas para reduzir a interceptação de luz, que gera superaquecimento e alta demanda transpiratória. Esses mecanismos são importantes eventos de plasticidade fenotípica.

Por outro lado, se os vegetais têm água disponível no ambiente, a transpiração possui papel fundamental para remover o calor das folhas, mediante o esfriamento evaporativo, mantendo-as sob condições de luz solar plena. A emissão de radiação de ondas longas e a perda de calor sensível (condução e convecção para o ar frio) – isto é, quando a temperatura da folha é mais alta que a do ar circundante ao redor, ocorre a convecção (transferência) de calor da folha para o ar – são outras estratégias que as plantas utilizam para dissipar grandes quantidades de calor (Sandquist; Ehleringer, 2015). Esse esfriamento evaporativo impede que as folhas atinjam temperaturas que poderiam desnaturar enzimas envolvidas na fotossíntese e em outros processos metabólicos. A temperatura foliar pode diminuir até 10 °C em comparação com a do ar circundante (Reece et al., 2014).

No entanto, a perda de água por esfriamento evaporativo em plantas de ambientes secos pode ser desvantajosa, especialmente nos períodos secos, quando se agrava o estresse hídrico. Nos períodos de insuficiência hídrica, é mais vantajoso para as plantas da Caatinga perder suas folhas, pois isso permite uma melhor conservação da água por meio da redução da transpiração. A manutenção foliar para minimizar o superaquecimento por meio do esfriamento evaporativo é mais vantajosa quando há disponibilidade hídrica no ambiente.

A energia oriunda dos raios solares promove aquecimento do ar atmosférico e de superfícies, como as plantas. Essa carga de calor nas folhas decorrente da absorção da radiação solar deve ser dissipada. Folhas de espécies de ambientes secos necessitam dissipar o calor de forma mais eficaz para reduzir o estresse térmico, e adaptações para resistir às elevadas temperaturas, somadas ao *deficit* hídrico, conferem resistência às plantas.

A redução da área foliar é uma resposta adaptativa das plantas de ambientes secos para minimizar esses impactos do ambiente. Logo, outra característica adaptativa das plantas da Caatinga é a microfilia, uma alteração no tamanho da folha por processo evolutivo. É um caráter predominante nas plantas xerófitas.

O tamanho e a forma das folhas têm um significado ecológico para cada tipo de ambiente. Na Caatinga, caracterizada como um ambiente sazonalmente seco e com alta intensidade luminosa, as plantas com folhas compostas que apresentam lâminas foliares (folíolos) muito pequenas podem dissipar eficientemente o calor proveniente da radiação solar.

Folhas subdivididas em pequenos folíolos facilitam a dissipação do calor porque apresentam grande razão entre bordas e área superficial. Essa grande quantidade de bordas quebra a camada-limite que circunda a folha, auxiliando na dissipação do calor (Ricklefs;

Relyea, 2014). Além disso, a área foliar reduzida, caracterizada por folhas pequenas, é uma estratégia para diminuir a transpiração, favorecendo a manutenção do *status* hídrico na planta.

Essa característica morfoanatômica é observada em algumas espécies da Caatinga, como no angico (*Anadenanthera colubrina*) e na catingueira-miúda (*Poincianella microphylla*), que apresentam folhas bipinadas com folíolos extremamente pequenos, com muitas bordas por unidade de superfície, características essas que facilitam dissipar o calor mais rapidamente (Fig. 2.6).

Fig. 2.6 *Folhas subdivididas em pequenos folíolos: (A) microfilia em* Anadenanthera colubrina *no período chuvoso em Petrolina (PE) e (B) microfilia em* Poincianella microphylla

A perda de água pelas folhas é regulada pela resistência à difusão na rota da transpiração. Dois componentes podem atuar nessa resistência, como a resistência estomática foliar e a resistência da camada limítrofe, isto é, a resistência causada pela camada de ar parado junto à superfície foliar, por meio do qual o vapor de água tem de se difundir para alcançar a atmosfera (Holbrook, 2015b).

A espessura da camada limítrofe é determinada principalmente pela velocidade do vento, pelo tamanho da folha e pela anatomia e morfologia foliar. Quando o ar que circunda a folha se encontra muito parado, a camada de ar parado junto à superfície foliar torna-se muito espessa, sendo, portanto, a principal barreira à perda de vapor de água pela folha. Por outro lado, quando a velocidade do vento é alta, essa intensa movimentação do ar atmosférico reduz a espessura da camada limítrofe na superfície foliar, diminuindo sua resistência. Sob essas condições, a resistência estomática controlará em grande parte a perda de água da folha (Holbrook, 2015b).

A espessura da camada limítrofe também pode ser influenciada por vários aspectos morfoanatômicos foliares, como os tricomas, que são estruturas semelhantes a pelos, presentes na epiderme. Os tricomas nas superfícies foliares podem servir como quebra-ventos microscópicos (Holbrook, 2015b), os quais ajudam a minimizar a transpiração ao dispersar o fluxo de ar, permitindo que a região estomática tenha umidade mais alta do que a atmosfera circundante (Reece et al., 2014). Além disso, apresentam outra função, que é o aumento da reflexão de luz junto à superfície foliar, reduzindo sua absorção e, consequentemente, a temperatura das plantas (Sandquist; Ehleringer, 2015).

A presença dessa estrutura anatômica adaptativa nas folhas reflete uma estratégia evolutiva em face de diversos ambientes visando proteger as plantas contra a alta intensidade luminosa e a elevada perda de água. Diante disso, muitas plantas da Caatinga apresentam tricomas, com o intuito de reduzir os danos provocados pelos estresses citados.

No marmeleiro (*Croton blanchetianus* Baill.) e no velame (*Croton heliotropiifolius* Kunth), os tricomas podem atuar na diminuição da taxa de transpiração pela reflexão da radiação solar, que reduz a temperatura, e pelo espessamento da camada de ar retido na folha, que age como uma barreira à perda de água. Nesses casos, segundo Barros e Soares (2013), um denso indumento é formado pelos tricomas secretores e tectores das folhas. Recomenda-se consultar os mesmos autores caso se deseje observar os tricomas nas folhas dessas espécies.

Em folhas de *Jatropha mollissima* (Pohl) Baill., também foi constatada a presença de tricomas (Figueiredo et al., 2015). Os autores citam que o investimento nessas estruturas minimiza a perda de água e protege contra a radiação excessiva. Caso se deseje observar os tricomas nas folhas de J. mollissima, sugere-se consultar os referidos autores.

A transição das plantas para o ambiente terrestre foi um importante desafio. Nesse ambiente, o risco de dessecação é grande, em decorrência do deficit hídrico. Para a conquista desse novo meio, as plantas tiveram que desenvolver diversos mecanismos, o que demandou progressivamente a aquisição de adaptações.

A atmosfera geralmente é muito seca, o que expõe as plantas a grandes perdas de água. Para suportar as altas demandas evaporativas atmosféricas e o excesso de radiação, foi desenvolvida uma estrutura adaptativa denominada cutícula, que é uma camada de cera com baixa permeabilidade à água. Essa camada de cera apresenta grande resistência à perda de água, pois sua principal função fisiológica é controlar a transpiração, e pode também proteger a planta dos danos ocasionados pela radiação ultravioleta, pois essa película protetora ajuda a refletir a radiação solar. A forma de deposição da cera cuticular tem denominações distintas, sendo a cera depositada na superfície da cutícula chamada de cera epicuticular e a cera depositada na matriz conhecida como cera intracuticular.

Figueiredo et al. (2015) constataram a presença de cera epicuticular em folhas de Jatropha mollissima e concluíram que a espécie investe nessa estrutura para reduzir a perda de água e proteger-se da radiação excessiva.

Em estudos realizados por Oliveira, Meirelles e Salatino (2003) com espécies nativas da Caatinga – Aspidosperma pyrifolium, Capparis yco, Maytenus rigida e Ziziphus joazeiro –, relata-se que a maior eficiência das ceras epicuticulares de Capparis yco e Ziziphus joazeiro provavelmente se deve à predominância de n-alcanos em sua composição e que a natureza química dos componentes das ceras revelou-se um fator importante na determinação do grau de resistência à evaporação, sugerindo também que essa cera é um fator adicional de resistência à seca.

Vale ressaltar, então, que não só a quantidade de cera epicuticular influencia a eficiência em minimizar a perda de água para a atmosfera, mas também sua qualidade é um fator relevante.

Na Caatinga, algumas espécies da família Arecaceae apresentam grande quantidade de cera epicuticular em suas folhas, como a *Syagrus coronata* e a *Copernicia prunifera* (Fig. 2.7). Essas palmeiras são algumas das poucas espécies perenifólias da Caatinga, sendo esse atributo perenifólio uma característica marcante nessa família botânica.

Fig. 2.7 População de Copernicia prunifera em Caicó (RN)
Foto: José Vinícius A. de Medeiros.

Além da cera epicuticular, as folhas de *Ziziphus joazeiro* também apresentam outra característica adaptativa pertinente: têm consistência membranácea e são moderadamente coriáceas (Fig. 2.8). A textura coriácea é uma característica importante para as plantas de climas secos, pois confere rigidez mecânica e evita a murcha das folhas.

Algumas plantas xerófilas possuem outra característica adaptativa: a presença de espinhos. Essas estruturas adaptativas ajudam a minimizar os efeitos dos fatores ambientais dos ambientes secos, reduzindo o calor no corpo da planta por meio da reflexão da luz solar, além de atuarem como uma barreira mecânica de proteção contra a herbivoria, apresentando-se como um importante caráter evolutivo.

Fig. 2.8 (A) *Indivíduo adulto de* Ziziphus joazeiro *e (B) suas folhas coriáceas*

Muitas espécies da família Cactaceae têm seus caules como órgãos fotossintéticos, pois, devido à ausência de folhas, que foram transformadas em espinhos, o caule passou a exercer essa função. A presença de espinhos caracteriza bem os representantes dessa família (Fig. 2.9).

Fig. 2.9 *Presença de espinhos na família Cactaceae:* (A) Pilosocereus gounellei *e* (B) Cereus jamacaru

A quantidade de espinhos no corpo da planta é um fator importante, pois uma maior aglomeração de espinhos no caule ajuda a refletir a luz com mais eficiência e, como consequência, reduz o superaquecimento. Algumas espécies de cacto, como a *Pilosocereus gounellei* (ver Fig. 2.9A) e a *Pilosocereus pachycladus*, entre outras, possuem maior densidade de espinhos.

A exposição das plantas aos altos índices de radiação solar na Caatinga, pela proximidade da região com a linha do equador (ver Fig. 1.2), que consequentemente leva a altas temperaturas, pode ter induzido mudanças evolutivas em algumas plantas para minimizar o estresse térmico, como a aquisição de superfícies brancas (cascas de caules, por exemplo), diminuindo a quantidade de radiação que as atinge. Assim, na Caatinga podem ser observadas árvores com cascas de cores claras, como a espécie *Fraunhofera multiflora* Mart., conhecida popularmente como pau-branco (Fig. 2.10).

Fig. 2.10 *(A) Indivíduo adulto de* Fraunhofera multiflora *e (B) seu caule esbranquiçado*

Superfícies brancas têm maior capacidade de refletir luz, ou seja, pigmentos brancos absorvem pouca luz, refletindo grande quantidade dela. Logo, essa adaptação desempenha um papel ecológico importante ao proteger as plantas do superaquecimento.

2.3 Mecanismo de alongamento radicular

Muitas plantas da Caatinga apresentam porte reduzido em comparação com as de outros biomas brasileiros, e isso pode ser explicado pelos fatores climáticos predominantes, que estão intimamente associados com o crescimento das espécies. Apesar do lento crescimento proporcionado pela limitação hídrica, as plantas precisam manter suas atividades fisiológicas, mesmo que reduzidas, durante os períodos de seca. Uma estratégia que algumas delas utilizam para suportar o deficit hídrico é o desenvolvimento de raízes maiores, a fim de melhorar a captação de água.

Em espécies adaptadas que apresentam longas raízes para captar água do subsolo, essa estratégia é essencial para elas se manterem vivas durante os longos períodos de seca. Esse mecanismo ajuda a manter a hidratação da planta mesmo sob condições de seca, visto que a capacidade de explorar as camadas mais profundas do perfil do solo para melhorar a absorção de água é um importante fator de resistência à seca.

Em razão do clima semiárido, muitos ambientes da Caatinga apresentam solos secos durante a maior parte do ano, o que faz com que as plantas enfrentem constantemente deficit hídrico severo. Como resultado, muitas dessas plantas investem mais no crescimento radicular do que nas brotações da parte aérea, para aumentar sua eficiência na absorção de água ao crescer em direção a regiões do solo com maior disponibilidade hídrica. Essa capacidade permite explorar os perfis úmidos do solo a fim de captar água e evitar a dessecação e é uma característica marcante de muitas plantas da Caatinga para enfrentar o estresse hídrico. O crescimento das raízes sob essas condições de deficit hídrico é estimulado pelo hormônio ácido abscísico (ABA), que tem se destacado como um importante fitormônio relacionado ao estresse hídrico.

A espécie *Ziziphus joazeiro*, uma das poucas perenifólias da Caatinga, destaca-se por apresentar uma copa inconfundível na paisagem, que mantém quase toda a sua folhagem durante a estiagem, e isso se deve ao alongamento radicular, mecanismo adaptativo peculiar a essa espécie (Fig. 2.11).

Fig. 2.11 *Indivíduo de Ziziphus joazeiro com sua copa inconfundível em Petrolina (PE)*

Essa característica do sistema radicular da Ziziphus joazeiro é de fundamental importância para atender às demandas do fluxo de vapor pelas folhas, de modo a suprir a alta demanda transpiratória da Caatinga. Esse atributo permite que algumas espécies vegetais absorvam a água necessária para sua sobrevivência quando o conteúdo hídrico do solo é insuficiente.

2.4 Mecanismos de capacidade de armazenamento de água e reserva nutritiva

As plantas evoluíram em resposta às ameaças do ambiente, como a seca. À medida que a água se tornava escassa no ambiente, para garantir sua sobrevivência, as plantas tiveram que desenvolver mecanismos especializados no armazenamento de água e recursos nutritivos, por exemplo, órgãos especializados.

Alguns órgãos vegetais apresentam importantes funções relacionadas às adaptações aos diversos ambientes. Funções de reserva são observadas em caules e raízes de diversas plantas submetidas a ambientes secos, com uma gama de agentes estressantes, como a carência hídrica e a alta radiação associadas a temperaturas elevadas, entre outros.

O xilopódio, uma estrutura globosa rica em água e nutrientes, é uma alteração morfoanatômica que habilita as plantas a armazenar esses recursos, a fim de minimizar os impactos estressantes do ambiente seco. A presença de parênquima de reserva confere tuberosidade a essa estrutura adaptativa.

A formação de xilopódios garante a sobrevivência de muitas plantas da Caatinga durante os longos períodos de estiagem. Portanto, essa estrutura subterrânea funciona como um componente de resistência à seca, melhorando o funcionamento das plantas, como a condutividade hidráulica. Além disso, essa estrutura permite que as plantas usem os carboidratos armazenados para se manterem nos períodos desfavoráveis e, logo nas primeiras chuvas, remobilizem esses recursos (reserva nutritiva) para sua utilização em vários tecidos, iniciando novamente o crescimento.

O umbuzeiro (*Spondias tuberosa*) e o mamãozinho-de-veado (*Jacaratia corumbensis*) são alguns exemplos de espécies que apresentam esse tipo de estrutura adaptativa (Figs. 2.12 e 2.13).

Fig. 2.12 Xilopódio em algumas espécies da Caatinga: (A) Spondias tuberosa e (B) Jacaratia corumbensis
Fonte: Nilton de Brito Cavalcanti.

Na fase inicial de crescimento, a umburana-de-cheiro (*Amburana cearensis*) também desenvolve um xilopódio, o que contribui

Fig. 2.13 *Xilopódio em* Jacaratia corumbensis

para estocar a água e os nutrientes necessários para seu crescimento e desenvolvimento inicial. Essa estrutura anatômica adaptativa confere às plantas jovens vantagens e resistência em face das condições ambientais adversas do clima semiárido, auxiliando no estabelecimento de plântulas em resposta aos estresses ambientais (Fig. 2.14).

Fig. 2.14 *Xilopódio em planta jovem de* Amburana cearensis

O papel funcional do armazenamento de água e reserva nutritiva nos xilopódios de plantas jovens da Caatinga pode garantir sua sobrevivência em condições de seca, reduzindo a taxa de mortalidade das mudas. Portanto, essa característica adaptativa sugere tolerância à falta de água.

Além dessa adaptação, algumas plantas apresentam caules especializados no armazenamento de água, como os caules suculentos. Esse tipo de caule é característico de plantas xerófitas, a exemplo dos membros da família Cactaceae (Fig. 2.15).

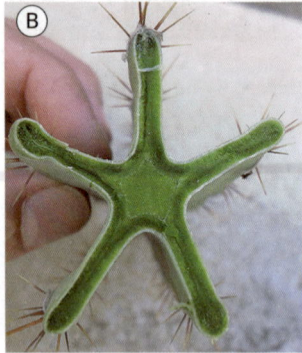

Fig. 2.15 Corte transversal de um caule de cacto apresentando tecido especializado no armazenamento de água (parênquima aquífero): (A) Tacinga inamoena e (B) Cereus jamacaru

Esses caules suculentos apresentam parênquima aquífero, tecido especializado no armazenamento de água. As células desse tecido contêm mucilagem, e a presença dessa substância, em razão de sua afinidade com a água, facilita seu armazenamento.

A ocorrência de tecidos suculentos em órgãos como caules e folhas para o armazenamento de água capacita as espécies a sobreviverem nos diferentes ambientes de maior ou menor *deficit* hídrico, característica essa que pode ser responsável por seu sucesso em ambientes adversos como a Caatinga.

Adaptações morfoanatômicas 45

Algumas espécies da família Euphorbiaceae são suculentas. Essa característica é observada, por exemplo, nas espécies *Jatropha mollissima* (Pohl) Baill. e *Jatropha mutabilis* (Pohl) Baill., que apresentam armazenamento de água no caule. A suculência também é encontrada em algumas espécies da família Bromeliaceae, como nas folhas da espécie *Bromelia laciniosa* Mart. ex Schult. & Schult. f. (Fig. 2.16).

Fig. 2.16 *Suculência em algumas plantas da Caatinga:* (A) Jatropha mollissima *(Euphorbiaceae),* (B) Bromelia laciniosa *(Bromeliaceae), em Petrolina (PE), e* (C-D) Jatropha mutabilis *(Euphorbiaceae), nas dunas do rio São Francisco, em Casa Nova (BA)*

Em ambientes arenosos, como nas dunas do rio São Francisco, é observada a presença da espécie *Jatropha mutabilis*. A suculência em seu caule pode ser um importante atributo para essa espécie ocupar solos arenosos, já que eles têm baixa capacidade de retenção de água, ou seja, a água escoa com facilidade devido à grandeza de suas partículas proporcionar grandes espaços entre elas.

O surgimento de órgãos espessos (dilatados) para o armazenamento de água em algumas plantas de ambientes sazonalmente secos é outra estratégia adaptativa como resposta à escassez hídrica. A presença dessa dilatação caulinar, caractere que pode estar relacionado às condições ambientais da Caatinga, é observada na espécie *Ceiba glaziovii* (Kuntze) K. Schum., em que esse intumescimento pode ser importante para armazenar a água extraída da seiva xilemática (Fig. 2.17).

Fig. 2.17 (A) *Ceiba glaziovii* registrada em Bodocó (PE) e (B) sua adaptação caulinar marcante

Cavanillesia arborea (Willd.) K. Schum. é outro exemplo de planta com essa mesma característica, sendo ambas as espécies pertencentes à família Malvaceae. Essas espécies possuem alta capacidade de armazenamento de água no caule, permitindo que a planta tolere longos períodos de estiagem.

O xilema é um tecido vascular responsável pelo transporte de água e sais minerais, solução essa popularmente conhecida como seiva bruta. Além disso, esse tecido fornece sustentação para o corpo da planta, devido à presença de lignina conferir-lhe rigidez, bem como exerce a função de armazenamento de água e solutos, promovida por suas células parenquimáticas. O armazenamento de água e solutos no caule pode auxiliar os processos fisiológicos e de desenvolvimento das plantas, como a floração e a brotação, mesmo durante a estação seca.

Lima e Rodal (2010) relataram uma estreita relação entre a densidade da madeira e a fenologia das plantas da Caatinga. Os autores observaram que plantas caducifólias com baixa densidade de madeira – *Jatropha mollissima*, *Commiphora leptophloeos*, *Manihot* cf. *epruinosa*, *Cnidoscolus bahianus*, *Cnidoscolus quercifolius* e *Amburana cearensis* – são capazes de armazenar mais água em seus troncos e que a brotação e a reprodução frequentemente ocorrem durante o período seco nessas espécies com baixa densidade de madeira. Por outro lado, outras espécies caducifólias com alta densidade de madeira eram fortemente dependentes de chuvas para iniciar suas fenofases (brotamento de folhas, floração e frutificação), já que elas são capazes de armazenar apenas quantidades limitadas de água em seus troncos.

Em estudo realizado por Neves, Funch e Viana (2010) com três espécies nativas da Caatinga, *Jatropha mollissima*, *Jatropha mutabilis* e *Jatropha ribifolia*, os resultados obtidos indicaram que as espécies possuem madeira de baixa densidade e, consequentemente, alta capacidade de armazenamento de água nos tecidos, o que garantiu a ocorrência dos eventos fenológicos mesmo na ausência de chuvas.

Em situações de estresse hídrico durante a seca, pode ocorrer a formação de bolhas (cavitação) nas plantas. O armazenamento de água nos tecidos do caule pode, então, ser uma importante adaptabilidade ao estresse hídrico. A formação dessas bolhas de ar pode bloquear o movimento de água no xilema, portanto uma seca muito severa pode ocasionar falha hidráulica nas plantas. Entretanto, os mecanismos adaptativos citados contribuem para que as espécies enfrentem a seca e minimizem esse dano.

3 Adaptações fisiológicas

Durante a história evolutiva, as plantas foram sujeitas a diversas pressões seletivas do ambiente, necessitando se moldar geneticamente aos fatores ambientais, com mudanças tanto estruturais como funcionais, a fim de garantir sua sobrevivência e reprodução. Por serem seres sésseis, isto é, sem locomoção, as plantas estão constantemente expostas a diversas situações de estresse. Logo, o desenvolvimento de características funcionais vantajosas foi necessário para lidar com esses impactos.

A água é um fator fundamental para a vida, e sua escassez, aliada a outros fatores ambientais estressantes, como altas temperaturas, contribuiu, ao longo do curso evolutivo, para que as plantas desenvolvessem adaptações fisiológicas, assim como respostas fenotípicas para responder a esses estresses ambientais. Por experimentarem uma ampla variedade de estresses, mais acentuados durante a estação seca, as plantas da Caatinga desenvolveram mecanismos fisiológicos de resistência à seca, de modo a conservar água e evitar a dessecação. A seguir, serão discutidas adaptações fisiológicas em ambientes com *deficit* hídrico, tais como controle da transpiração, floração intensa e rápida, ciclo de vida curto, ajuste osmótico, mecanismo de fotoproteção, mecanismo de defesa antioxidativa, mecanismo de concentração de carbono interno e dormência de sementes.

3.1 Mecanismos de controle da transpiração

A Caatinga apresenta longos períodos de estiagem, alta irradiância e, associadas a isso, altas temperaturas e grandes taxas de evaporação. As plantas desse ambiente têm que se defrontar com a alta demanda evaporativa da região, ajustando-se por meio de mecanismos adaptativos. Os variados mecanismos de adaptação revelam o potencial das espécies vegetais para a sobrevivência e a perpetuação nos ambientes de Caatinga. A transpiração foliar é responsável por uma grande perda de água nas plantas. Em ambientes secos, elas necessitam reduzir essa perda de água para a atmosfera e, assim, evitar a dessecação. Para tal, utilizam frequentemente mecanismos adaptativos, tais como a regulação da abertura estomática e a abscisão foliar.

A seguir, serão discutidos mais detalhadamente os mecanismos adaptativos que minimizam a perda de água da rota de transpiração foliar, que são as folhas, os principais órgãos de transpiração.

3.1.1 Regulação da abertura estomática em resposta ao estresse hídrico

A atmosfera da Terra apresenta um formidável desafio para as plantas. Por um lado, ela é fonte de gás carbônico (CO_2), indispensável para a fotossíntese; por outro, geralmente é bastante seca, o que expõe as plantas a uma perda líquida de água em decorrência da evaporação. Como as plantas necessitam de superfícies que permitam a difusão de CO_2 para seu interior e, ao mesmo tempo, impeçam a perda de água, a assimilação de CO_2 as coloca diante da ameaça de desidratação. Assim, para satisfazer as demandas contraditórias de maximizar a captação de CO_2 e reduzir a perda de água, as plantas desenvolveram adaptações para controlar a perda de água através das folhas (Holbrook, 2015b).

A folha desempenha uma série de funções fundamentais para o crescimento e a manutenção dos processos vitais, pois é o principal órgão de síntese e essencial na percepção de sinais ambientais. Esse órgão apresenta grande plasticidade morfológica em resposta ao ambiente, o que reflete uma estratégia evolutiva e de plasticidade fenotípica para que as plantas possam enfrentar os estresses ambientais.

Nas folhas, encontra-se uma grande quantidade de estruturas na epiderme responsáveis pela regulação das trocas gasosas na planta, denominadas estômatos. Esses estômatos são formados por duas células-guarda que sofrem frequentemente mudanças de turgor em resposta aos sinais ambientais. O desenvolvimento dessa estrutura adaptativa foi fundamental para evitar a perda excessiva de água para a atmosfera, pois forma uma barreira contra a perda de água, evitando, desse modo, a desidratação do vegetal.

A abertura dessa estrutura promove a captura do CO_2 e simultaneamente leva à perda de água, processo esse conhecido como transpiração. A transpiração refere-se, portanto, à evaporação da água da superfície vegetal promovida pelo gradiente de pressão, que impulsiona o movimento de água da folha para o ar atmosférico. Como a folha é o principal órgão responsável pela transpiração, seu controle é exercido principalmente pela regulação da abertura estomática.

Em virtude dos efeitos prejudiciais da seca e da alta demanda evaporativa, as plantas precisam regular a abertura estomática como uma resposta fisiológica imediata para a conservação do conteúdo de água, a fim de se defenderem das ameaças de dessecação. Esse movimento estomático de controle da transpiração representa uma importante adaptação das plantas à quantidade de água disponível no ambiente. Portanto, a regulação do fluxo transpiratório resulta numa melhoria na eficiência do uso da água, principalmente durante os períodos de deficiência hídrica.

É importante salientar que aproximadamente 97% da água absorvida pelas raízes é perdida por meio da transpiração, o que contribui para a diminuição da carga de calor na planta. Em contrapartida, apenas cerca de 2% da água absorvida pelas raízes realmente permanece na planta, para suprir o crescimento, e aproximadamente 1% para ser consumida nas reações bioquímicas da fotossíntese e de outros processos metabólicos (Holbrook, 2015a). Grande parte do fluxo de água sai através da fenda estomática, e estima-se que apenas 5% dessa perda de vapor de água ocorra através da cutícula (Holbrook, 2015b), a qual é conhecida como transpiração cuticular.

As células-guarda funcionam como válvulas hidráulicas multissensoriais, controlando a abertura e o fechamento da fenda estomática (Holbrook, 2015b). Essas células epidérmicas especializadas estão continuamente em movimento, intumescendo ou contraindo-se, e as deformações das paredes celulares resultantes causam alterações nas dimensões da fenda estomática. Esses movimentos de abertura e fechamento da fenda estomática são o resultado da percepção dos sinais ambientais pelas células-guarda (Zeiger, 2015).

As plantas regulam a abertura estomática em resposta aos fatores ambientais, tais como *status* hídrico foliar, luz, concentração interna de CO_2 e temperatura. Esses fatores são percebidos pelas células-guarda e resultam em respostas estomáticas bem definidas (Holbrook, 2015b).

Os estômatos respondem tanto ao potencial hídrico foliar quanto ao vapor de água da atmosfera. Um potencial hídrico em declínio na folha prevalece sobre outros fatores, como a pressão parcial de CO_2, para o fechamento estomático. É evidente que evitar a dessecação é uma preocupação mais imediata para a planta do que manter as taxas fotossintéticas (Gurevitch; Scheiner; Fox, 2009).

Tal mecanismo de regulação estomática é induzido pelo ácido abscísico (ABA), que é um importante hormônio envolvido na tolerância ao estresse por *deficit* hídrico, exercendo um papel fundamental na redução da perda de água pela planta. O ABA é produzido nas raízes e nas folhas e, durante o estresse hídrico, é transportado para as células-guarda, ativando as vias de sinalização e levando ao fechamento estomático (Pirasteh-Anosheh et al., 2016). Frequentemente, as plantas modulam a concentração e a localização celular de ABA, e esse processo lhes permite responder com rapidez às flutuações ambientais, como mudanças na disponibilidade hídrica (Mickelbart; Hasegawa; Salt, 2010).

As plantas podem perceber mudanças no conteúdo hídrico do solo por meio de suas raízes, as quais exibem estratégias fisiológicas para resistir à seca, sendo órgãos amplamente envolvidos na percepção do déficit hídrico. Na Caatinga, os períodos secos podem resultar no aumento dos níveis de ABA nas plantas. Os hormônios vegetais são mensageiros químicos que atuam como mediadores de uma vasta gama de respostas adaptativas e são fundamentais para a capacidade de adaptação dos vegetais aos estresses abióticos. A biossíntese do ABA está entre as respostas mais rápidas ao estresse abiótico. Nas folhas, os níveis desse ácido podem aumentar em até 50 vezes quando submetidas à seca, sendo uma mudança de concentração mais drástica registrada para um fitormônio em resposta a um sinal ambiental. A biossíntese ou a redistribuição do ABA é muito eficiente no fechamento estomático, e seu acúmulo em folhas sob estresse desempenha um papel fundamental na redução da perda de água pela transpiração durante condições de estresse hídrico (Blumwald; Mittler, 2015).

Como foi visto, a temperatura e o déficit hídrico influenciam os processos fisiológicos das plantas, como a regulação dos estômatos. À medida que a temperatura do ar aumenta, este se torna mais seco e cresce sua capacidade de absorção de água de outras fontes, como as plantas. Na Caatinga, a alta demanda evaporativa, principalmente nos períodos mais quentes do dia, causa maior demanda transpiratória nas plantas, e surge então a necessidade do fechamento estomático, que é urgente, para preservar seu conteúdo de água. Nesse sentido, a estratégia de restrição do fluxo transpiratório nas horas mais quentes do dia ou nos períodos de maior demanda evaporativa, como na época seca, é necessária para amenizar os efeitos potenciais do déficit hídrico.

3.1.2 Abscisão foliar em resposta ao estresse hídrico

A folha é o laboratório da planta, onde se processam vários mecanismos bioquímicos essenciais para o planeta, a exemplo do fantástico processo fotossintético, responsável pela manutenção da vida na Terra, que sintetiza compostos orgânicos (energia química) a partir da energia solar, sendo que essa energia é distribuída na cadeia alimentar. Além disso, na folha ocorre também a absorção de gases, como o gás carbônico (CO_2), e a produção de oxigênio (O_2), purificando o ar e disponibilizando oxigênio para os demais seres.

As folhas são fundamentais para a sobrevivência de uma planta devido a seus papéis na fotossíntese. Assim, a folha é um componente importante na produção e na acumulação de biomassa. Para seu funcionamento, as folhas necessitam ser expostas aos fatores ambientais, como a luz e o ar, porém isso também as torna suscetíveis a extremos abióticos. Diante disso, as plantas desenvolveram vários mecanismos que as capacitam a evitar ou minimizar os efeitos dos fatores ambientais passíveis de impactá-las (Mickelbart; Hasegawa; Salt, 2010).

A folha é um órgão fortemente influenciado pelas mudanças ambientais, respondendo ao ambiente por meio de alterações de características estruturais e fisiológicas, ou seja, apresenta grande plasticidade fenotípica, modificando suas características morfológicas, como tamanho e espessura, e fisiológicas, como fechamento estomático, redução da abertura do poro estomático e abscisão foliar, de acordo com as condições ambientais. Assim, a folha pode ser caracterizada como uma variável morfofisiológica que se molda facilmente, exibindo respostas imediatas às condições ambientais prevalecentes.

Grandes áreas foliares, como aquelas encontradas em folhas grandes, proporcionam superfícies significativas para a produção de produtos da fotossíntese (fotossintatos). No entanto, tal característica pode ser desvantajosa ao crescimento e à sobrevivência de plantas sob condições de estresse. Folhas grandes expõem uma superfície ampla de evaporação de água, o que é proveitoso para o esfriamento foliar, porém pode levar ao rápido esgotamento da água do solo ou à absorção excessiva e prejudicial de radiação solar. Dessa forma, as plantas podem responder aos efeitos prejudiciais diminuindo a área foliar pela redução da divisão celular e da expansão celular, pela alteração das formas foliares e também pela promoção da senescência e da abscisão foliar (Blumwald; Mittler, 2015).

Quando as plantas são expostas a situações ambientais desfavoráveis, como o *deficit* hídrico, as folhas, mesmo durante sua etapa de crescimento (folhas jovens), podem entrar em senescência e abscisão foliar prematura. A redução da área foliar, em decorrência do estresse, é uma medida de segurança para que a planta possa evitar um desequilíbrio hidráulico, pois essa estratégia ajuda a conservar o conteúdo de água na planta.

A fenologia está intimamente relacionada com as condições ambientais, em que os fatores ambientais desfavoráveis geram respostas nos vegetais, como a escassez hídrica. Esse fator ambiental (seca) faz com que as plantas impulsionem mecanismos adaptativos para evitar, resistir ou tolerar o estresse. Dessa forma, a cada início de épocas desfavoráveis, as plantas da Caatinga se preparam para enfrentar os mais diversos estresses abióticos, e esse grau de perturbação vai variar de acordo com a intensidade do estresse. Assim, espécies caducifólias toleram o período desfavorável, enquanto muitas espécies herbáceas escapam da seca apresentando rápido desenvolvimento fenológico.

Os ambientes da Caatinga se modificam com o tempo (épocas seca e chuvosa), e as plantas necessitam se ajustar a essas mudanças alterando sua fisiologia e até mesmo seu comportamento foliar. Durante o período seco, a Caatinga apresenta plantas sem folhas e uma paisagem acinzentada. Na época chuvosa, as plantas retomam o crescimento e a paisagem se torna verde, exibindo também outras tonalidades, em virtude da floração, que será discutida na próxima seção (Figs. 3.1 e 3.2).

Fig. 3.1 Caducifolia em Ceiba glaziovii no município de Bodocó (PE): (A) indivíduo durante a época seca e (B) durante a época chuvosa

Fig. 3.2 Aspecto da vegetação da Caatinga em diferentes épocas do ano em Ouro Branco (RN): (A) período seco e (B) período chuvoso
Fonte: José Vinícius A. de Medeiros.

Por apresentar um clima fortemente sazonal, com uma estação seca bem definida, grande parte da vegetação da Caatinga passa por mudanças na fenologia durante esse período seco, perdendo suas folhas em resposta à escassez hídrica. Esse comportamento fenológico é uma estratégia adaptativa das espécies para restringir a perda de água por transpiração para uma atmosfera seca, onde a presença de vapor de água é baixa. Com a perda de folhas, ocorre a interrupção no fornecimento de fotossintatos para o crescimento das plantas, por cessar a fotossíntese. Logo, as plantas passam por períodos de redução de sua atividade durante as épocas de seca.

Na Caatinga, em decorrência da seca, o processo de senescência foliar é desencadeado, o que leva as folhas a se tornarem amareladas ou alaranjadas pela morte dos tecidos foliares. Essa mudança de coloração precede a perda de folhas das espécies decíduas (Figs. 3.3 e 3.4).

Fig. 3.3 *Processo fisiológico de senescência foliar: (A) indivíduo de* Croton blanchetianus *no início da época seca no município de Ouricuri (PE) e (B) suas folhas em senescência*

A senescência foliar é um mecanismo biológico evolutivamente selecionado e geneticamente regulado que assegura de forma eficiente a remobilização de nutrientes para órgãos-dreno reprodutivos ou vegetativos. Visto que a senescência redistribui os nutrientes para

Fig. 3.4 *Processo fisiológico de senescência foliar: (A) indivíduo adulto de* Cnidoscolus quercifolius *no início da época seca no município de Ouricuri (PE) e (B) suas folhas em senescência*

os locais de crescimento da planta, ela pode servir como uma estratégia de sobrevivência durante condições ambientais desvantajosas, como *deficit* hídrico ou estresse por temperatura. Na estrutura e no metabolismo celular da folha, ocorrem mudanças geneticamente programadas. A degradação do cloroplasto, o qual contém até 70% da proteína foliar, é a primeira alteração estrutural (Taiz, 2015).

Como na Caatinga as espécies caducifólias são predominantes, uma característica marcante que muda o aspecto da paisagem é a perda total de folhas durante a estação seca. Durante esse período, todas as folhas passam por senescência e abscisão, sendo essas plantas muito eficientes na remobilização de nutrientes para o interior de órgãos-dreno de reserva (caules e raízes) antes de perder suas folhas. Assim, esse mecanismo de remobilização de nutrientes é uma estratégia bioquímica e fisiológica importante para armazenar energia em épocas desfavoráveis.

A abscisão foliar é outro processo do desenvolvimento vegetal relacionado com a senescência e diz respeito ao desprendimento da folha da planta, sendo uma estratégia das plantas da Caatinga em resposta a circunstâncias ambientais que as ameaçam. Esse mecanismo permite o uso eficiente da água durante o período de *deficit* hídrico e a minimização dos efeitos da seca. À medida que o período seco se intensifica e, consequentemente, o solo seca, as folhas murcham e entram em senescência prematura e abscisão, pois o vento seco e quente aumenta bruscamente as taxas transpiratórias, o que pode ocasionar a dessecação do vegetal.

Os hormônios vegetais auxina e etileno interagem na regulação da senescência foliar e da abscisão foliar. Altos níveis de auxina mantêm a folha na planta, porém baixos níveis desse hormônio, com acentuado aumento na produção de etileno, promovem a indução da senescência, o que deixa a folha suscetível à queda. Logo, esse processo fisiológico ocorre em resposta ao aumento da quantidade do gás etileno na folha (Fig. 3.5).

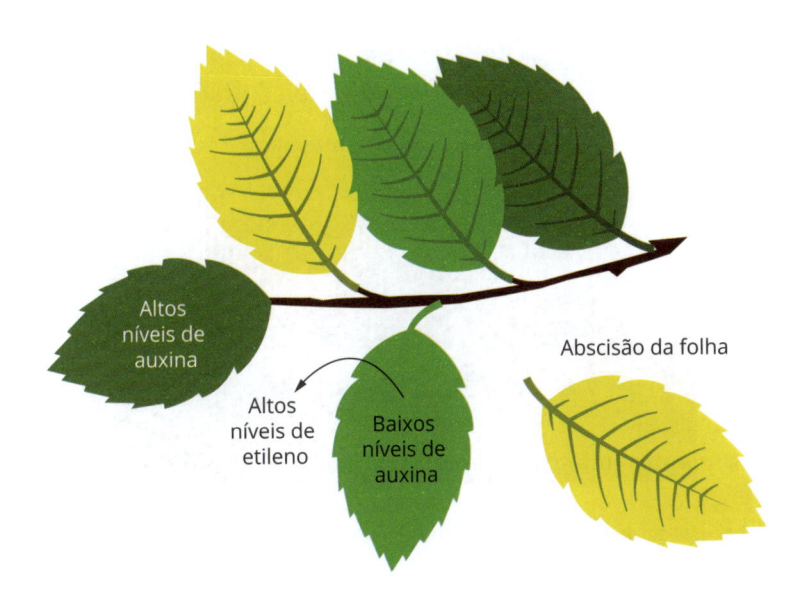

Fig. 3.5 *Processo fisiológico de senescência e abscisão foliar*

Vale destacar que, durante o período de boa disponibilidade hídrica, as plantas decíduas apresentam altas taxas fotossintéticas para aproveitar a época favorável e armazenar água, energia e nutrientes, minimizando, com isso, os efeitos do período seco, quando perdem suas folhas.

É importante salientar que é menos custoso para a planta perder suas folhas para minimizar os efeitos do estresse do que investir em sua manutenção e sofrer consequências drásticas das condições ambientais desfavoráveis. Portanto, esse é um mecanismo de resistência ao estresse.

Longos períodos secos podem ocasionar a queda de folhas mesmo em espécies perenifólias, a fim de reduzir a perda de água, o que representa uma estratégia similar à das caducifólias. Isso foi observado na espécie perenifólia da Caatinga *Ziziphus joazeiro* durante uma seca severa, quando manter suas folhas poderia levá-la ao risco de dessecação (Fig. 3.6).

Fig. 3.6 *Queda de folhas em* Ziziphus joazeiro *após uma seca severa em Casa Nova (BA)*

3.2 Floração intensa e rápida no início da época chuvosa

O desenvolvimento reprodutivo é estimulado por fatores ambientais, como a água, que é um dos principais fatores na indução do florescimento. A produção de flores no período chuvoso é vantajosa para as plantas, uma vez que o florescimento sob condições favoráveis de temperatura e disponibilidade hídrica é de extrema importância para o sucesso reprodutivo, pois permite a produção de sementes durante o regime de chuvas e pode aumentar as chances de sobrevivência das plântulas.

A rápida recuperação das plantas da Caatinga com a chegada do período chuvoso mostra seu potencial de resistência à seca. Essa característica adaptativa de rápido ajuste do metabolismo para alcançar o estado de homeostase é essencial para dar continuidade ao crescimento e ao desenvolvimento normais, prejudicados pela seca. Essa ligeira recuperação após a hidratação acontece porque os recursos alimentares acumulados nos tecidos de armazenamento são alocados eficientemente para as partes de crescimento vegetativo e reprodutivo.

As plantas utilizam o máximo do recurso hídrico disponível durante a estação chuvosa para compensar o tempo que permaneceram no período seco. A formação de novas folhas num intervalo de tempo curto, com altas taxas fotossintéticas para assimilar carboidratos, permite às plantas produzir flores, frutos e sementes, assim como armazenar reserva nutritiva para sobreviver aos longos períodos de seca.

De fato, em ambientes onde as condições de seca se alternam com um período chuvoso, algumas plantas têm a habilidade de fotossintetizar e crescer rapidamente durante a época em que a água está disponível, isto é, o acúmulo de carbono (CO_2) é maximizado durante o período de maior disponibilidade hídrica, pois, nesse período favorável, os estômatos podem ser abertos sem perda excessiva de água, o que faz com que as plantas ganhem o máximo de carbono e energia. As especializações anatômicas foliares podem contribuir para que as plantas atinjam elevadas taxas de absorção fotossintética de CO_2 durante esse espaço de tempo (Gurevitch; Scheiner; Fox, 2009). Assim, uma vez que o suprimento de água é abundante nas épocas chuvosas, é vantajoso para a planta intercambiar a água por produtos da fotossíntese, essenciais para seu crescimento e sua reprodução (Holbrook, 2015b).

Essa habilidade de rápido desenvolvimento reprodutivo nos períodos chuvosos é observada nas espécies da Caatinga, sendo uma estratégia eficiente para que a planta possa completar seu ciclo reprodutivo antes que o *deficit* hídrico possa afetar seu desenvolvimento normal. Logo, muitas plantas têm reprodução altamente sazonal. A formação de novas folhas e o desencadeamento da floração logo após as primeiras chuvas são uma característica marcante da vegetação desse bioma (Fig. 3.7).

Fig. 3.7 *Floração após as primeiras chuvas em Petrolina (PE), no sertão pernambucano: (A)* Spondias tuberosa, *(B)* Tacinga inamoena, *(C)* Jatropha mollissima *e (D)* Neoglaziovia variegata

Fig. 3.7 *(cont.)* (E) Mimosa tenuiflora, (F) Bromelia laciniosa, (G) Arrojadoa rhodantha e (H) Croton blanchetianus

Muitas espécies da Caatinga florescem durante o período chuvoso, e isso demonstra que a água é um importante estímulo ambiental para o desencadeamento da floração. Entretanto, outras podem florescer com frequência durante a estação seca, como a caraibeira (*Tabebuia aurea*), o juazeiro (*Ziziphus joazeiro*), o angico (*Anadenanthera colubrina*), o pau-ferro (*Libidibia ferrea*), a catingueira (*Cenostigma pyramidale*) e o cascudo (*Handroanthus spongiosus*).

A floração durante o período seco tem uma explicação ecológica. Nesse período, as flores ficam mais visíveis para os polinizadores devido a muitas plantas perderem suas folhas. Além disso, nessa época, os recursos alimentares na Caatinga são mais escassos e a floração ajuda a ofertar alimentos para os polinizadores.

A ocorrência de floração durante a estação seca em algumas espécies da Caatinga mostra que a precipitação não é fator limitante para a produção de flores. Espécies que apresentam essa característica se destacam em meio à paisagem seca desse bioma, pois a floração se torna mais vistosa pela ausência de folhas, mostrando a exuberância de suas flores (Fig. 3.8).

Fig. 3.8 Floração da espécie Handroanthus spongiosus *durante a época seca em Lagoa Grande (PE), no sertão pernambucano*

Vale salientar que algumas espécies que florescem na estação seca também podem florescer na estação chuvosa. Essa estratégia de variação reprodutiva, em que a floração ocorre em ambas as estações, é importante para a manutenção das comunidades, funcionando como um fator positivo para as relações ecológicas, como a oferta de recursos florais para a fauna.

3.3 Ciclo de vida curto

A seca é um fenômeno meteorológico natural e previsível na Caatinga. Nessa região, a precipitação influencia fortemente o crescimento e o desenvolvimento reprodutivo da vegetação, uma vez que a hidratação permite a reativação dos processos metabólicos.

As condições adversas desse bioma, como a escassez hídrica e outros fatores ambientais estressantes, induziram mudanças adaptativas nas plantas para garantir sua sobrevivência e sua capacidade de reprodução. Elas utilizam uma gama de respostas fisiológicas para evitar ou tolerar a seca (mecanismos de resistência), mas também podem adotar uma estratégia adaptativa de escape a ela.

A predominância de períodos de alta restrição hídrica permitiu que as plantas desenvolvessem adaptações reprodutivas, como o ciclo de vida curto (anual), capacitando-as a reproduzir-se com facilidade sob condições favoráveis. Esse rápido crescimento e desenvolvimento vegetal como resposta à disponibilidade hídrica, ou seja, seu ciclo fenológico curto, com rápida germinação, crescimento, florescimento e produção de sementes durante a estação úmida, permite que as plantas herbáceas da Caatinga de ciclo curto escapem da seca, ao concluir seu ciclo de vida antes do estresse hídrico severo. Essa estratégia de escape à seca é um dos mecanismos de adaptação ao *deficit* hídrico mais comuns em algumas plantas herbáceas de clima seco.

Na época seca, as plantas anuais de ciclo curto utilizam a estratégia adaptativa de escape à seca deixando suas sementes viáveis no solo antes de completar seu ciclo de vida para garantir a sobrevivência das espécies durante esse período desfavorável. Essas sementes apresentam resistência sob condições de seca, germinando após as primeiras chuvas, e a vegetação herbácea anual ressurge, com grande ocorrência dessas plantas. Essa estratégia permite que os vegetais cresçam e floresçam rapidamente nesse curto espaço de tempo favorável, lançando suas sementes ao solo para um novo ciclo no próximo período chuvoso. Algumas plantas com ocorrência na Caatinga, como *Tridax procumbens* L. (Asteraceae) e *Ipomoea incarnata* (Vahl) Choisy (Convolvulaceae), possuem essa característica de ciclo de vida curto (Fig. 3.9).

Fig. 3.9 *Vegetação herbácea de ciclo anual da Caatinga em plena floração:* (A) Tridax procumbens e (B) Ipomoea incarnata

3.4 Mecanismo de ajuste osmótico

Devido à perda contínua de água por transpiração para a atmosfera, os vegetais raramente estão com plena hidratação. Os períodos de seca são como um agravante do *status* hídrico das plantas, ocasionando *deficit* hídrico, que leva à inibição do crescimento e da fotossíntese. Alterações fisiológicas ocorrem em virtude da desidratação quando as plantas são expostas a essas condições (Holbrook, 2015a). Com isso, elas podem exibir potencial hídrico bastante negativo sob tais condições de desidratação. Esse mecanismo é conhecido como tolerância com baixo potencial hídrico.

Quando expostas ao *deficit* hídrico, as células vegetais ficam desidratadas, o que provoca a alteração de muitos processos fisiológicos básicos, sendo alguns mais afetados do que outros. Um dos efeitos do *deficit* hídrico é o acúmulo do hormônio ácido abscísico, que estimula o fechamento dos estômatos, reduzindo as trocas gasosas e causando a inibição da fotossíntese (Blumwald; Mittler, 2015). A redução do turgor é o mais precoce efeito biofísico significante da carência hídrica (Mickelbart; Hasegawa; Salt, 2010).

Como consequência, alguns processos dependentes do turgor, como a expansão celular, são bastante afetados pelo *deficit* hídrico (Holbrook, 2015a; Mickelbart; Hasegawa; Salt, 2010).

A redução do turgor é observada quando as folhas das plantas murcham, tornando-se flácidas, fato que ocorre em muitas plantas da Caatinga quando se inicia a desidratação provocada pelo *deficit* hídrico. Portanto, a murcha é um indicativo de que a planta está sob estresse hídrico (Fig. 3.10).

Fig. 3.10 *Folhas murchas de velame* (Croton heliotropiifolius) *devido à desidratação durante o início da estação seca em Ouricuri (PE)*

Em muitas plantas, reduções no suprimento de água inibem o crescimento do caule e a expansão foliar, porém estimulam o alongamento radicular. Diante disso, o aumento relativo nas raízes em relação à parte aérea pode ser visto como uma adaptação à seca em vez de uma restrição fisiológica (Holbrook, 2015a). No entanto, esse crescimento radicular em condições de estresse hídrico é relativo. Algumas espécies podem ser afetadas, com a inibição do crescimento radicular, enquanto em outras o alongamento é estimulado.

Em ambientes secos, como a Caatinga, muitas plantas possuem tolerância à dessecação e, assim, necessitam reduzir o potencial hídrico celular durante os períodos de estresse osmótico para permitir que suas células continuem absorvendo água para manter suas funções fisiológicas celulares. Esses valores de baixos potenciais hídricos nesses ambientes sazonalmente secos refletem as estratégias das plantas para minimizar os efeitos do *deficit* hídrico.

À medida que o conteúdo de água do solo decresce, mais negativo deve ser o potencial desenvolvido pelas plantas, para assim gerar um gradiente e favorecer a absorção de água do solo (Holbrook, 2015b). Quando o potencial hídrico da região que envolve a raiz (rizosfera) diminui em virtude do *deficit* hídrico, as plantas continuam a absorver água, desde que seu potencial hídrico seja mais negativo do que o potencial hídrico do solo (Blumwald; Mittler, 2015). A desidratação das células pode tornar as paredes celulares mecanicamente deformadas e, como consequência, as células podem ser danificadas. Então, para a manutenção do turgor, uma resposta típica aos efeitos da seca é acumular solutos, em parte para impedir a perda de água pelas células. O estresse hídrico, em termos gerais, leva à acumulação de solutos no citoplasma e no vacúolo das células vegetais, permitindo, dessa forma, que elas mantenham a pressão de turgor a despeito dos baixos potenciais hídricos (Holbrook, 2015a).

Quando as plantas são submetidas a *deficit* hídrico, a turgescência celular começa a diminuir, e elas iniciam algumas medidas osmorregulatórias para sua manutenção. O vacúolo opera regulando a pressão de turgescência, a qual, gerada a partir da entrada de água, promove a expansão desse compartimento celular, fazendo com que a célula não murche.

As plantas têm a habilidade de produzir muitos solutos para ajudar em sua sobrevivência em ambientes desvantajosos. As células acumulam compostos, como açúcares e prolina, além de íons inorgânicos, como Cl^-, Na^+ e K^+, ajustando-se osmoticamente em resposta ao *deficit* hídrico (Fig. 3.11).

O ajustamento osmótico é a capacidade das células vegetais de acumular solutos para diminuir seu potencial hídrico durante os períodos de estresse osmótico. As células podem se ajustar mediante o aumento da concentração de solutos nos compartimentos vacúolo e citosol (Blumwald; Mittler, 2015). Esse mecanismo desenvolvido pelos vegetais para se adaptar às baixas condições de disponibilidade hídrica do ambiente desempenha uma função estratégica para lidar com os eventos de seca na Caatinga, auxiliando na manutenção de alguns processos fisiológicos, como a fotossíntese.

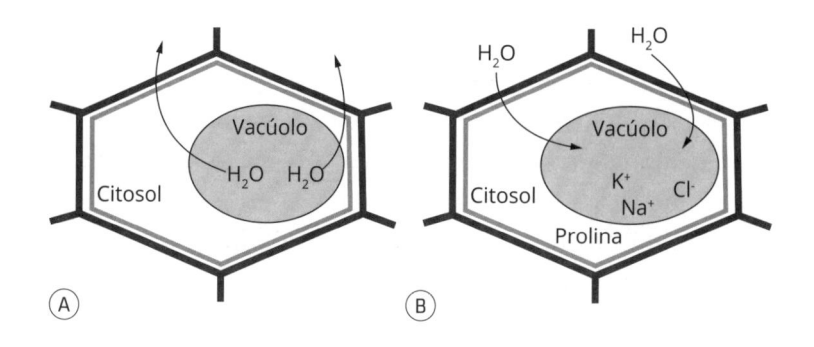

Fig. 3.11 Acúmulo de solutos na célula vegetal em decorrência do estresse osmótico: (A) redução do conteúdo de água provocada pelo estresse hídrico e (B) ajuste osmótico

Os solutos orgânicos, denominados também solutos compatíveis, mesmo em altas concentrações não interferem na estabilidade da membrana nem no metabolismo celular (funcionamento de enzimas) e também não apresentam efeitos nocivos sobre a planta, onde são mantidos no citosol, para assegurar o equilíbrio do potencial hídrico na célula. Por outro lado, a acumulação de íons inorgânicos é predominantemente restrita aos vacúolos para evitar o contato com o citosol, prevenindo, dessa forma, o contato com enzimas citosólicas e organelas, pelo fato de altas concentrações de íons como sódio ou cloreto poderem ter um efeito nocivo sobre o vegetal, comprometendo membranas ou proteínas (Mickelbart; Hasegawa; Salt, 2010; Blumwald; Mittler, 2015).

Nas plantas, o aumento na concentração do aminoácido prolina é uma estratégia adaptativa em resposta às condições de seca e salinidade. Esse soluto desempenha um papel importante na tolerância das plantas submetidas a tais estresses, atuando como um soluto osmorregulador e auxiliando na manutenção do *status* hídrico celular.

Silva et al. (2004), avaliando alguns aspectos ecofisiológicos de algumas plantas da Caatinga, observaram maiores teores de prolina nas folhas de catingueira *(Cenostigma pyramidale)*, pata-de-vaca *(Bauhinia cheilantha)* e velame-do-campo *(Croton campestris)* em comparação com outras espécies. Esse acúmulo pode representar uma estratégia de sobrevivência ao período de estresse, no qual as plantas necessitam reduzir o potencial hídrico de suas células para a manutenção da turgescência celular, e o ajustamento osmótico pode ser induzido por esse aminoácido.

Um estudo realizado por Mendes et al. (2017) avaliando os parâmetros ecofisiológicos em marmeleiro *(Croton blanchetianus)* na Caatinga pernambucana demonstrou que a prolina apresentou-se em maior quantidade na estação seca, sugerindo que essa pode ser uma estratégia adaptativa da planta na tentativa de reduzir o potencial osmótico e contribuir para o ajustamento osmótico.

O acúmulo de prolina durante o estresse hídrico nas plantas da Caatinga é uma estratégia de ajuste osmótico, uma vez que esse soluto torna mais negativo o potencial hídrico da planta. Essa estratégia bioquímica busca tentar desenvolver um potencial hídrico mais negativo nas plantas do que o potencial hídrico do solo, a fim de garantir que a água do solo continue sendo absorvida pelas raízes.

3.5 Mecanismo fotoprotetor

As plantas desempenham diversas funções sob a ação da luz solar, a exemplo do uso dessa energia para a produção de energia química por meio da fotossíntese, utilizando-a também para perceber as variações do ambiente e regular suas atividades fisiológicas. Porém, a constante exposição à radiação solar, especialmente à radiação ultravioleta (UV), pode ser prejudicial a elas, uma vez que esse tipo de radiação possui comprimentos de onda curtos (alta frequência) e, assim, armazena mais energia, podendo causar danos a suas biomoléculas. Os raios UV-A têm comprimento de onda de 320 nm a 400 nm, e os raios UV-B, comprimento de onda de 290 nm a 320 nm (Fig. 3.12).

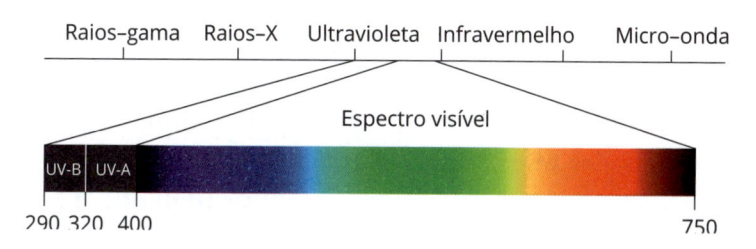

Fig. 3.12 Diferentes comprimentos de onda da luz visível e da radiação UV

A radiação UV induz a formação de espécies reativas de oxigênio (EROs), as quais podem provocar mutações durante a replicação do DNA. Dessa forma, o excesso de energia luminosa absorvida pelos complexos antena de captação de luz do cloroplasto pode fazer com que os elétrons sejam desviados para o oxigênio (O_2), produzindo EROs (Blumwald; Mittler, 2015).

A presença da radiação UV pode ser detectada por muitas plantas, e, em resposta aos danos celulares provocados por esse tipo de radiação, elas desenvolveram mecanismos de defesa para proteger seus tecidos, como a síntese de flavonoides e de compostos fenólicos simples, que atuam como filtros solares e eliminam radicais livres e oxidantes nocivos que são induzidos pelos fótons de alta energia da luz UV (Peer et al., 2015).

Os flavonoides desempenham papéis significativos na proteção das plantas contra a radiação UV, e a exposição excessiva a esses raios pode promover maior síntese desses compostos como resposta fotoprotetora.

A alta incidência de radiação solar na Caatinga pode impactar o crescimento e o desenvolvimento das plantas. Sua estratégia de sintetizar compostos fotoprotetores ajuda a protegê-las dos danos causados pelo excesso de radiação UV, sendo uma característica adaptativa fundamental na fotoproteção. Vale salientar que a alta intensidade da radiação solar nesse bioma aumenta a temperatura do ar, estando esses fatores associados (radiação e temperatura). Além disso, há o *deficit* hídrico, que eleva ainda mais os efeitos estressantes do meio sobre as plantas.

Como resposta bioquímica à radiação UV, muitas espécies da Caatinga sintetizam flavonoides para proteger seus tecidos dos danos causados pelos raios solares, assim como de danos oxidativos. Pesquisas relataram a presença de flavonoides em algumas espécies da Caatinga, conforme apresentado no Quadro 3.1.

Quadro 3.1 Plantas da Caatinga com a presença de flavonoides em suas folhas

Família e espécie	Nome popular	Fonte
Anacardiaceae		
Schinopsis brasiliensis Engl.	Baraúna	Cardoso et al. (2015)
Spondias tuberosa Arr. Cam.	Umbuzeiro	Uchôa et al. (2015)
Bromeliaceae		
Bromelia laciniosa Mart. ex Schult. & Schult.f.	Macambira	Oliveira-Júnior et al. (2014)
Encholirium spectabile Mart. ex Schult. & Schult.f.	Macambira-de-flecha	Santana et al. (2012)
Neoglaziovia variegata (Arruda) Mez	Caroá	Oliveira-Júnior et al. (2013)
Euphorbiaceae		
Croton heliotropiifolius Kunth	Velame	Silva et al. (2017a)
Cnidoscolus quercifolius Pohl	Faveleira	Torres et al. (2018)
Lamiaceae		
Rhaphiodon echinus Schauer	Betônica	Pio et al. (2019)
Rhamnaceae		
Ziziphus joazeiro Mart.	Juazeiro	Brito et al. (2015)
Verbenaceae		
Lippia gracilis Schauer	Alecrim-da-chapada	Moraes et al. (2017)

Os sistemas fotossintéticos absorvem grande quantidade de energia luminosa para transformá-la em energia química. A energia presente em um fóton pode ser danosa, em se tratando de condições ambientais desfavoráveis. A grande quantidade de energia luminosa pode levar à produção de EROs. Para a proteção do sistema contra os danos provocados pelo excesso de luz, mecanismos bioquímicos adicionais são necessários para reparar o sistema, como o envolvimento de agentes fotoprotetores, por exemplo, os carotenoides.

Quando a energia da clorofila em seu estado excitado não é rapidamente dissipada pela transferência de excitação ou fotoquímica (*quenching*), esta pode reagir com o oxigênio molecular, produzindo oxigênio singleto ($^1O_2$), que é extremamente reativo, danificando muitos componentes celulares. Para dissipar o excesso de energia, os carotenoides atuam nesse processo por meio do *quenching* (dissipação da energia armazenada em clorofilas pela conversão do excesso de energia em calor). Dessa forma, o mecanismo de fotoproteção pode ser visto como uma válvula de segurança, dissipando o excedente de energia luminosa antes que possa causar danos à planta (Blankenship, 2015).

Nesse sentido, em resposta aos estresses hídrico e luminoso, as plantas podem ser induzidas a sintetizar carotenoides, e, devido a seu papel como agente fotoprotetor, o aumento na quantidade desse pigmento nas plantas pode ser resultado da tolerância ao estresse abiótico.

Mendes et al. (2017) observaram um aumento na concentração de carotenoides na estação seca em *Croton blanchetianus*. A promoção desse aumento pode estar relacionada ao *deficit* hídrico e à alta irradiância do ambiente de Caatinga estudado.

A absorção de energia luminosa em excesso pelos pigmentos fotossintéticos, como as clorofilas, também gera elétrons em excesso, prejudicando a disponibilidade de nicotinamida adenina dinucleotídeo fosfato ($NADP^+$) de desempenhar sua função como um dreno de elétrons no fotossistema I. A abundância de elétrons produzidos pelo fotossistema I induz a produção de EROs, em especial o radical superóxido ($O_2^{\bullet-}$) (Mickelbart; Hasegawa; Salt, 2010). Outro mecanismo utilizado pelas plantas para regular a abundância de luz, em resposta ao estresse, é a redução nos teores de clorofila. Essa estratégia permite regular a absorção de energia solar, o que resulta em menor captação de luz. Dessa forma, com o reflexo do estresse ambiental, agravado nos períodos de seca, em muitas plantas da Caatinga ocorre um decréscimo no conteúdo de clorofila, visto que o declínio nas concentrações desse pigmento é uma estratégia para minimizar a absorção de fótons.

Mendes et al. (2017), avaliando esse atributo fisiológico em *Croton blanchetianus*, constataram que, durante a estação seca, essa espécie reduz os teores de clorofila para minimizar o estresse. Em outro estudo de Silva-Pinheiro et al. (2016), foi observado que o estresse hídrico resultou na redução do conteúdo de clorofila em mudas de caraibeira (*Tabebuia aurea*).

Vale salientar que, apesar de a redução no conteúdo de clorofila contribuir para a diminuição das taxas fotossintéticas, esse mecanismo auxilia a tornar menor a formação de EROs, sendo, portanto, uma estratégia fundamental para minimizar o impacto dos estresses hídrico e luminoso. Assim, a diminuição no teor de clorofila foliar pode ser considerada um indicador de tolerância ao estresse.

Além disso, a degradação da clorofila é um dos eventos fisiológicos que ocorrem durante a senescência foliar sazonal. A senescência foliar já pode ser um indício do agravamento do estresse, então o mais viável para a planta seria perder suas folhas para minimizar os efeitos deletérios desse estresse.

3.6 Mecanismo de defesa antioxidativa

No início da formação da Terra, o oxigênio molecular (O_2) era ausente, tendo seu surgimento na atmosfera ocorrido há bilhões de anos, provavelmente como um produto do processo fotossintético. Atualmente o O_2 representa cerca de 21% da composição da atmosfera. Esse composto é indispensável para os organismos aeróbicos, uma vez que o processo aeróbio celular o requer, a exemplo da respiração, que produz energia para as atividades celulares. No entanto, o O_2 pode se transformar em uma forma de oxigênio bastante reativa, apresentando um problema para esses organismos, porque, durante a transferência de elétrons em organelas, como cloroplastos e mitocôndrias, pode ocorrer um desequilíbrio e EROs em excesso podem ser geradas. Essas espécies reativas causam danos a muitas classes de biomoléculas, como proteínas, lipídeos e DNA.

Durante o processo fotossintético e respiratório, a formação de EROs é contínua e inevitável, mesmo sob condições normais. Porém, sua produção em excesso é o que as torna prejudiciais às plantas. Essa produção demasiada de EROs nas células vegetais ocorre sob condições de estresse ambiental, ou seja, o estresse provoca o distúrbio da homeostase das EROs.

As EROs são formas do oxigênio altamente reativas, apresentando ao menos um elétron não pareado. Para se proteger do dano oxidativo, as plantas utilizam um sistema em que o antioxidante doa elétron ao radical livre para neutralizar sua atividade danosa (Fig. 3.13).

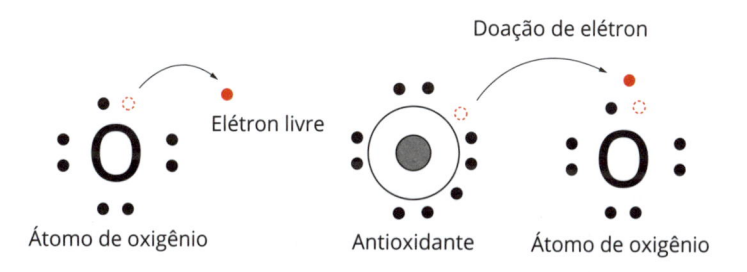

Fig. 3.13 *Elétron não pareado e ação do antioxidante*

O estresse oxidativo decorre do acúmulo excessivo de EROs no metabolismo, como o radical superóxido ou ânion superóxido

($O_2^{•-}$), o oxigênio singleto ($^1O_2$), o peróxido de hidrogênio (H_2O_2) e o radical hidroxila (OH•) (Fig. 3.14).

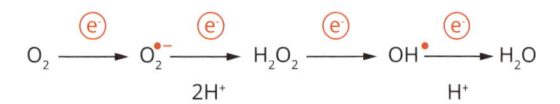

$$O_2 \xrightarrow{e^-} O_2^{•-} \xrightarrow[2H^+]{e^-} H_2O_2 \xrightarrow{e^-} OH^{•} \xrightarrow[H^+]{e^-} H_2O$$

Fig. 3.14 *Formação de espécies reativas de oxigênio (EROs)*

Na Caatinga, a alta intensidade luminosa, somada ao *deficit* hídrico, estimula a produção de EROs, o que pode gerar estresse oxidativo nas plantas. Quando as plantas são submetidas a esses estresses, as EROs acumulam-se nas células, e, assim, é de fundamental importância acionar o sistema de defesa antioxidativo para combater o excesso desses radicais livres. A resposta adaptativa das plantas se deve à elevação dos níveis de antioxidantes em resposta ao aumento na produção de EROs.

A água é o principal doador de elétrons e o $NADP^+$ é o aceptor final deles, sendo reduzido a NADPH no estroma dos cloroplastos (Blankenship, 2015). A desidratação promove o desacoplamento dos fotossistemas e os elétrons livres produzidos pelos centros de reação não são transferidos para o $NADP^+$, acarretando a geração de EROs (Blumwald; Mittler, 2015). Dessa forma, a perda de água (desidratação) provocada pela seca, como ocorre frequentemente na Caatinga, pode intensificar a produção dessas espécies reativas nas plantas.

A primeira ERO a ser formada durante as reações de transporte de elétrons nos cloroplastos é o radical superóxido ($O_2^{•-}$). O excesso de elétrons produzidos por estresse reduz o O_2 a $O_2^{•-}$ a partir da redução do O_2 por um único elétron (e^-), conforme o esquema ($O_2 + e^- \rightarrow O_2^{•-}$). Esse ponto na molécula de $O_2^{•-}$ representa o elétron não pareado.

Outra ERO importante é o oxigênio singleto ($^1O_2$), produzido pela reação da clorofila excitada com o oxigênio molecular. Ou seja, se a energia armazenada nas clorofilas em seu estado excitado não é rapidamente dissipada, seja pela transferência de excitação, seja pela fotoquímica, ela pode reagir com o O_2 para formar $^1O_2$ (Blankenship, 2015). Essa espécie reativa é atípica porque não é produzida por transferência de elétrons para o oxigênio, mas sim pela reação do estado tripleto de clorofila ($^3Chl^*$) no sistema de antena com o O_2 (Das; Roychoudhury, 2014).

O estado tripleto de clorofila é, portanto, caracterizado por um estado de excitação eletrônica da clorofila que se forma quando a energia luminosa está presente em excesso. A alta intensidade luminosa, como ocorre na Caatinga, estimula a produção de $^1O_2$ nas plantas, sendo o estresse intensificado com a seca.

Outra espécie reativa produzida durante o estresse é o peróxido de hidrogênio (H_2O_2). O aumento nos níveis dessa espécie reativa na planta pode ser proporcionado, por exemplo, pelo *deficit* hídrico e pelo excesso de radiação.

Adaptações bioquímicas preparam as plantas para combater os diversos efeitos prejudiciais do estresse ambiental, e o desenvolvimento desse mecanismo de defesa antioxidante foi fundamental nesse processo de defesa vegetal contra derivados de oxigênio altamente reativos, as EROs, inativando-as para manter a segurança das células.

O eficiente sistema de defesa antioxidativo evolutivamente desenvolvido pelas plantas é composto de diferentes antioxidantes enzimáticos e não enzimáticos que atuam em conjunto, eliminando o elétron não pareado altamente reativo das EROs. Entre os compostos enzimáticos, é possível citar a superóxido dismutase (SOD), a catalase (CAT), a ascorbato peroxidase (APX) e a glutationa peroxidase (GPX), e, entre os compostos não enzimáticos, o ascorbato, a glutationa e o β-caroteno.

Superóxido dismutase (SOD) é uma das enzimas antioxidativas que atuam na defesa vegetal, fornecendo uma proteção contra os danos tóxicos promovidos pelas altas concentrações de EROs. Para impedir o dano oxidativo ocasionado pelo radical superóxido ($O_2^{\bullet-}$), essa enzima catalisa a reação removendo o $O_2^{\bullet-}$, com uma molécula de $O_2^{\bullet-}$ sendo reduzida a peróxido de hidrogênio (H_2O_2) e outra sendo oxidada a oxigênio (O_2):

$$2O_2^{\bullet-} + 2H^+ \xrightarrow{\text{Superóxido dismutase}} H_2O_2 + O_2$$

O radical hidroxila (OH•), como já mencionado, é considerado a mais reativa das EROs conhecidas, ou seja, é o agente mais oxidante, e sua alta reatividade resulta em reações rápidas e inespecíficas com distintos substratos, podendo potencialmente reagir com todos os tipos de biomoléculas. A remoção de $O_2^{\bullet-}$ pela superóxido dismutase diminui o risco de formação de OH• no interior celular (Gill; Tuteja, 2010).

A catalase (CAT) é outra enzima fundamental na eliminação de EROs, uma vez que converte a espécie reativa H_2O_2 em água (H_2O) e oxigênio (O_2), que são produtos inofensivos para a célula. Na reação, essa enzima usa duas moléculas de H_2O_2, uma como doadora e outra como aceptora de elétrons:

$$2H_2O_2 \xrightarrow{\text{Catalase}} 2H_2O + O_2$$

Em condições de estresse hídrico, quando os níveis de H_2O_2 aumentam, frequentemente a atividade das enzimas peroxidases, a exemplo da ascorbato peroxidase e da glutationa peroxidase, é estimulada em muitas plantas, devido a seus papéis na proteção vegetal contra essa forma de oxigênio reativa. Essas enzimas catalisam a redução de H_2O_2 em H_2O.

A ascorbato peroxidase (APX) atua inativando o H_2O_2 a fim de reduzir seus níveis na célula. Essa enzima catalisa a redução de H_2O_2 com o consumo concomitante de ascorbato (ASC) como agente redutor (doador de elétron), produzindo monodesidroascorbato (MDA) e H_2O:

$$2H_2O_2 + 2ASC \xrightarrow{\text{Ascorbato peroxidase}} 2H_2O + 2MDA$$

A glutationa peroxidase (GPX) é outra enzima antioxidativa que desempenha um papel fundamental na eliminação de H_2O_2, com a participação da glutationa reduzida (GSH), que atua como doadora de elétrons na reação, formando glutationa oxidada (GSSG) e H_2O:

$$H_2O_2 + 2GSH \xrightarrow{\text{Glutationa peroxidase}} GSSG + 2H_2O$$

O aumento no acúmulo de EROs durante a estação seca é observado em algumas plantas da Caatinga, juntamente com o crescimento das atividades das enzimas antioxidantes, o que evidencia que as plantas são capazes de ajustar sua atividade antioxidante durante o período seco como uma estratégia de defesa contra os efeitos prejudiciais do estresse hídrico.

Em estudo realizado com a espécie *Lippia grata*, observou-se que as plantas elevaram os níveis de H_2O_2 sob *deficit* hídrico, e, como resposta ao estresse, houve um aumento da atividade das enzimas antioxidativas SOD e CAT (Palhares Neto et al., 2019). O estresse por *deficit* hídrico também proporcionou um aumento significativo nas concentrações de H_2O_2 e SOD em folhas de *Croton blanchetianus* (Mendes et al., 2017), o que sugere que essa elevação nos níveis de H_2O_2 pode estar relacionada com o aumento da atividade das enzimas antioxidantes, atuando na proteção da planta contra essa ERO.

A acumulação das EROs induzida pelo estresse, por outro lado, tem um efeito positivo nas células, pois o aumento de sua concentração é importante na ativação de rotas de transdução de sinal, que induzem os mecanismos de aclimatação. Esses mecanismos, por sua vez, neutralizam os efeitos negativos do estresse, incluindo a acumulação de EROs. Quando parte da planta é submetida a estresse abiótico, sinais são gerados e podem ser transportados para o restante do organismo, dando início à aclimatação mesmo em regiões da planta que não foram atingidas pelo estresse. Esse processo é denominado aclimatação sistêmica adquirida (Blumwald; Mittler, 2015).

3.7 Metabolismo ácido das crassuláceas (MAC)

O estresse ambiental proporcionado pela baixa disponibilidade hídrica nos ambientes secos levou a um aperfeiçoamento no sistema de concentração de carbono inorgânico em algumas plantas. A abertura estomática para a captura do gás carbônico (CO_2) atmosférico a ser utilizado no processo fotossintético leva, inevitavelmente, à perda de água, pois o CO_2 e a água usam uma rota comum, o que pode resultar em desidratação, principalmente em ambientes secos, como a Caatinga. No entanto, algumas plantas desenvolveram um eficiente mecanismo adaptativo para o controle das trocas gasosas entre a folha e a atmosfera em prol da economia hídrica, denominado metabolismo ácido das crassuláceas (MAC – ou *crassulacean acid metabolism*, CAM).

Esse importante mecanismo de fixação fotossintética do carbono recebeu essa denominação porque foi observado inicialmente em *Bryophyllum calycinum*, uma espécie suculenta da família Crassulaceae. Essa via metabólica parece ter se originado há cerca de 35 milhões de anos e está presente em muitas plantas que utilizam essa estratégia para conservar água em ambientes onde a precipitação é insuficiente para seu crescimento (Buchanan; Wolosiuk, 2015).

O CAM está presente em pteridófitas, gimnospermas e angiospermas, sendo constatado em aproximadamente 35 famílias botânicas. Embora esteja frequentemente associado à economia hídrica, também ocorre em algumas espécies aquáticas (Reinert; Blankenship, 2010), o que pode ser explicado por possivelmente também promover um aumento na obtenção de carbono inorgânico, como o bicarbonato (HCO_3^-), sendo que a elevada resistência à difusão gasosa limita a disponibilidade de CO_2 para as plantas (Buchanan; Wolosiuk, 2015).

Por ser vantajoso para as condições ambientais de *deficit* hídrico e altas temperaturas presentes na Caatinga, pode ser encontrado em algumas famílias botânicas que ocorrem nesse bioma, como a Cactaceae, a Bromeliaceae e a Orchidaceae, entre outras. Esse metabolismo CAM é responsável por um aumento extraordinário na eficiência de uso da água, uma vez que as plantas que dispõem dessa adaptação abrem os estômatos à noite para capturar o CO_2 atmosférico e os fecham durante o dia, isso porque a transpiração à noite é muito menor devido às baixas temperaturas. Resumidamente, após ser capturado à noite, quando os estômatos estão abertos, o CO_2 é convertido em bicarbonato (HCO_3^-) pela ação da enzima anidrase carbônica, e posteriormente ocorre uma sequência de reações até a formação do malato, o qual é armazenado no vacúolo como ácido málico. Durante o dia, com os estômatos fechados, o malato é metabolizado, liberando o CO_2 para ser processado no ciclo de Calvin-Benson (ciclo de C-B) para formar carboidrato (Fig. 3.15).

À medida que as plantas assimilam CO_2 através da fenda estomática, ocorre perda de água por transpiração. A quantidade de água transpirada dividida pela quantidade de CO_2 assimilado é definida como razão de transpiração. Assim, a razão de transpiração mede a relação entre perda de água e ganho de carbono. Sua recíproca é chamada de eficiência no uso da água (EUA) (Holbrook, 2015b).

Em plantas em que um composto de três carbonos é o primeiro produto estável da fixação de carbono, denominadas plantas C_3, cerca de 400 moléculas de H_2O são perdidas para cada molécula de CO_2 fixada pela fotossíntese, o que representa uma razão de transpiração de aproximadamente 400. As plantas com fotossíntese C_4 (plantas C_4), ou seja, aquelas nas quais o primeiro produto estável da fotossíntese é um composto de quatro carbonos, possuem uma razão de transpiração típica de aproximadamente 150. Já as plantas CAM têm razões de transpiração ainda menores, com valores em torno de 50, o que acontece porque seus estômatos se abrem no período noturno e se fecham durante o dia, uma vez que à noite a transpiração é bastante reduzida (Holbrook, 2015b).

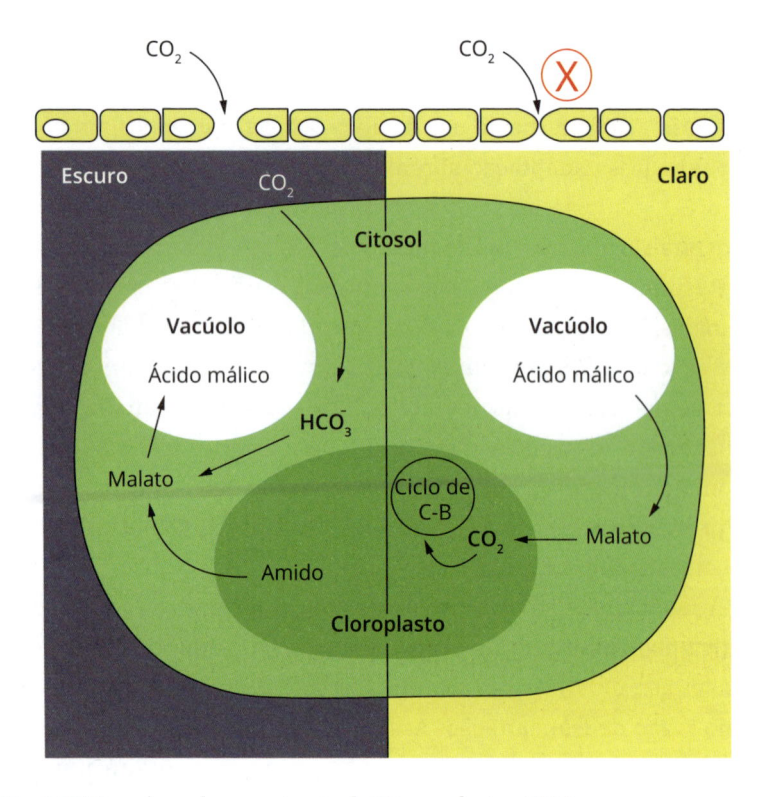

Fig. 3.15 *Mecanismo de concentração de CO_2 em plantas CAM*

As espécies da família Cactaceae apresentam o mecanismo CAM, bem como outras características adaptativas morfológicas de resistência à seca, como a suculência do caule e cutículas espessas, discutidas no Cap. 2. Essas características, combinadas, conferiram a essas espécies uma vantagem adaptativa para a conquista de ambientes principalmente secos.

Por apresentar essas vantagens adaptativas, a família Cactaceae é geralmente encontrada em regiões áridas e semiáridas. O ambiente xérico da Caatinga abriga inúmeros membros dessa família, com grande ocorrência e representatividade nos mais variados locais. Ela se tornou símbolo de resiliência desse bioma, sendo citada em muitos livros didáticos, sobretudo por causa de seu conjunto de características xerofíticas marcantes (Fig. 3.16).

Fig. 3.16 *Algumas espécies da família Cactaceae nativas da Caatinga durante a época chuvosa em Petrolina (PE), no sertão pernambucano:* (A) Pilosocereus gounellei, (B) Tacinga inamoena, (C) Melocactus zehntneri e (D) Cereus jamacaru

A família Bromeliaceae também apresenta o mecanismo CAM. Alguns de seus representantes nativos da Caatinga são a macambira (*Bromelia laciniosa*) e o caroá (*Neoglaziovia variegata*), que, além de apresentarem essa adaptação fisiológica para a manutenção hídrica, também possuem folhas com parênquima de armazenamento de água (parênquima aquífero) para resistir à seca, como discutido no Cap. 2.

3.8 Dormência de sementes

As sementes são as unidades reprodutivas das plantas espermatófitas (gimnospermas e angiospermas). Essa inovação evolutiva foi fundamental para a dispersão e a sobrevivência das plantas, pois garantiu a reprodução eficiente desses grupos vegetais em ambientes complexos, compostos de uma grande variedade de agentes estressores. As plantas desenvolveram características vantajosas para poder perpetuar-se com sucesso nos mais variados ambientes. A evolução das sementes, com uma combinação de mudanças na anatomia e na fisiologia, foi essencial para suportar as condições ambientais adversas.

O desenvolvimento de mecanismos adaptativos visando proteger o embrião contra a desidratação, como o tegumento e a tolerância à dessecação, pode ter sido um importante atributo de resistência em ambientes secos, por exemplo.

A tolerância à dessecação é uma importante característica fisiológica para o embrião suportar os períodos de dormência e as condições de seca, como ocorre nos ambientes de Caatinga. Já a estrutura externa da semente (tegumento) das angiospermas protege o embrião de danos mecânicos provocados pela predação e da entrada de microrganismos, bem como pode manter a viabilidade do embrião por longo prazo ao restringir a entrada de água e oxigênio, que são os principais fatores que propiciam a germinação. Esses dois mecanismos adaptativos, a tolerância à dessecação e o tegumento, proporcionaram à semente a vantagem de permanecer viável no estado seco por longos períodos, suportando as altas temperaturas e as limitações severas de água durante as épocas de seca.

Para suportar os longos períodos desfavoráveis e garantir sua viabilidade em longo prazo, a depender da espécie, as sementes desenvolveram um mecanismo adaptativo denominado dormência. Trata-se de um fenômeno fisiológico em que uma semente viável não germina, mesmo que todas as condições ambientais para seu crescimento sejam satisfeitas. É importante destacar que a dormência também maximiza a sobrevivência da plântula pela inibição da germinação sob condições ambientais desfavoráveis (Peer; Murphy; Taiz, 2015).

A dormência é uma estratégia evolutiva das espécies que distribui a germinação no tempo, sendo representada pela emergência das plântulas em intervalos irregulares. Com o passar do tempo, as sementes vão superando a dormência vagarosamente, aumentando a probabilidade de alguns indivíduos sobreviverem (Fowler; Bianchetti, 2000). Esse mecanismo adaptativo pode prevenir a germinação uniforme, isto é, simultânea, que representa um risco para a sobrevivência de algumas plântulas de ambientes secos, devido à ocorrência de deficit hídrico afetar muitos indivíduos ao mesmo tempo. Daí a importância desse mecanismo adaptativo na dinâmica de populações, a fim de promover a capacidade máxima de sobrevivência das plântulas.

A dormência da semente pode ser o resultado da dormência do embrião (embrionária), da dormência imposta pela casca (tegumentar) ou de ambas. A dormência embrionária é intrínseca ao embrião e não é devida a qualquer influência do tegumento. As sementes que apresentam esse comportamento podem não conseguir germinar porque os embriões não atingiram sua maturidade completa (Peer; Murphy; Taiz, 2015). A dormência fisiológica ou embrionária, entretanto, raramente é encontrada nas sementes da Caatinga (Dantas et al., 2014).

A dormência tegumentar caracteriza-se pelo bloqueio exercido pelo tegumento, que dificulta a entrada de água e oxigênio, impedindo que os eventos de germinação aconteçam. Está presente em muitas sementes de espécies da Caatinga, e essa adaptação permite que o embrião suporte longos períodos de inatividade e condições ambientais desfavoráveis, como altas temperaturas e deficit hídrico (seca).

Alguns exemplos típicos de espécies da Caatinga que apresentam esse tipo de comportamento são a baraúna (*Schinopsis* brasiliensis), o umbuzeiro (*Spondias tuberosa*), a carnaubeira (*Copernicia prunifera*), o licuri (*Syagrus coronata*), o pinhão-bravo (*Jatropha mollissima*), o tamboril (*Enterolobium contortisiliquum*), o pau-ferro (*Libidibia ferrea*) e o juazeiro (*Ziziphus joazeiro*), entre outras.

As sementes de *Ziziphus joazeiro* possuem tegumento com característica lenhosa, espesso e bastante resistente, o que impede a entrada de água e a difusão de oxigênio, promovendo a inibição da germinação por um certo período, até que a dormência seja quebrada. Já as sementes de *Spondias tuberosa* estão envoltas por um endocarpo muito rígido e de constituição lenhosa, caracterizado por células de paredes grossas e lignificadas (Fig. 3.17A).

Fig. 3.17 Plântulas de Spondias tuberosa *durante a época chuvosa em Petrolina (PE): (A) plântula com o tegumento ainda aderido aos cotilédones e (B) plântula com as primeiras folhas*

Em relação às sementes da família Fabaceae, em muitas espécies, a exemplo do tamboril (*Enterolobium contortisiliquum*) e do pau-ferro (*Libidibia ferrea*), a dormência é ocasionada pela presença de um tegumento resistente (duro), e essa impermeabilidade tegumentar dificulta a entrada de água e oxigênio, impedindo o processo germinativo.

A superação da dormência da semente envolve uma mudança de estado metabólico que proporciona o reinício do crescimento do embrião (Peer; Murphy; Taiz, 2015). Com a germinação, o estado de dormência do embrião é quebrado e, pela mobilização das reservas de nutrientes armazenadas, inicia-se a fase de crescimento vegetativo (Veit; Murphy, 2015).

Naturalmente, a dormência tegumentar das sementes pode ser quebrada quando elas são expostas a condições ambientais favoráveis ao longo do tempo. Fatores abióticos como água, temperatura, umidade do solo e luz podem promover sua germinação. Já entre os fatores bióticos, é possível citar a ingestão de sementes por animais, uma vez que a ação dos ácidos presentes em seu trato gastrointestinal ajuda na quebra da dormência, bem como a ação de microrganismos do solo na degradação do tegumento. Logo, esses fatores bióticos facilitam a entrada de água e oxigênio para dar início às etapas do processo germinativo.

A água é o recurso mais importante no processo germinativo, e a retomada do crescimento do embrião previamente quiescente inicia-se com sua absorção. Sementes secas e maduras têm um conteúdo de água entre 5% e 15%, muito abaixo do limiar necessário para o metabolismo completamente ativo. Além do mais, a absorção de água é fundamental para produzir a pressão de turgor que potencializa a expansão celular, a base do crescimento e do desenvolvimento vegetativo (Peer; Murphy; Taiz, 2015).

Muitas plantas da Caatinga produzem suas sementes durante o período chuvoso, aproveitando-se da época favorável para sua perpetuação. Portanto, a disponibilidade hídrica é considerada um fator determinante para iniciar o processo germinativo e o estabelecimento de plântulas, uma vez que a hidratação permite a reativação dos processos metabólicos da semente, bem como o crescimento e o desenvolvimento de plântulas em campo.

Durante a estação chuvosa, algumas sementes com dormência tegumentar que foram dispersas em épocas anteriores germinam, e esse processo ocorre em razão de elas terem seu tegumento degradado por fatores abióticos e bióticos. A absorção de água pelas sementes é o primeiro passo do processo germinativo, que termina com a emergência da radícula. Nesse sentido, a germinação de sementes no início do período chuvoso é favorável para o estabelecimento de plântulas, pois a água é o principal fator que auxilia em seu estabelecimento e crescimento (Figs. 3.17 e 3.18).

Fig. 3.18 Jatropha mollissima *durante a época chuvosa em Petrolina (PE): (A) sementes e (B) plântula*

Na Caatinga, o curto período chuvoso e o longo período seco são um desafio para o estabelecimento de plântulas. Além desse fator climático, a herbivoria é outro elemento que contribui para a mortalidade delas.

A estação chuvosa contribui para o sucesso reprodutivo das plantas, pois a água é um fator essencial para efetuar as alterações de seu desenvolvimento reprodutivo, como o florescimento e a produção de frutos e de sementes. Dessa forma, a maioria das espécies da Caatinga se reproduz durante a estação chuvosa, pois o florescimento durante essa época assegura que as sementes sejam produzidas sob condições ambientais favoráveis, uma vez que facilita a germinação de sementes e o estabelecimento de plântulas.

Vale salientar que algumas espécies também se reproduzem na estação seca, como foi discutido na seção 3.2, podendo germinar logo após as condições favoráveis, e, no caso de semente dormente, a germinação pode acontecer numa eventual quebra de dormência.

A temperatura também é um dos fatores ambientais mais influentes na germinação de sementes. Na Caatinga, muitas sementes tiveram que se adequar a esse fator, germinando em altas temperaturas, característica desse ambiente xerofítico. A germinação sob essas condições ambientais reflete uma adaptação fisiológica ao ambiente. Em estudo realizado por Meiado et al. (2010) com sementes de mandacaru (Cereus jamacaru), os autores observaram que a germinação mais rápida aconteceu em temperaturas elevadas (30 °C), favorecendo o processo germinativo e a redução drástica da germinação em temperaturas extremas (40 °C). Essa diminuição da germinação em temperaturas extremas pode ter um significado ecológico, pois a sobrevivência das plântulas diminui nessas condições, assim como essa resposta de germinação das sementes a 30 °C pode ser favorável para a germinação das espécies, uma vez que, mesmo na estação chuvosa da Caatinga, a temperatura da interface do solo pode ser alta ao longo do dia.

Em outro estudo, as maiores taxas de sementes germinadas de caroá (Neoglaziovia variegata) ocorreram quando as temperaturas do meio eram mais elevadas. A temperatura de 30 °C proporcionou as melhores respostas de germinação das sementes. Além disso, as sementes apresentaram 98% de germinação em 37 °C, sendo bastante tolerantes a altas temperaturas (Silveira et al., 2011).

Portanto, sementes que aumentam sua porcentagem de germinação sob altas temperaturas podem ser um indicativo de tolerância a esse fator. Como a Caatinga apresenta altas temperaturas, as respostas germinativas de algumas sementes de espécies nativas a esse fator ambiental podem representar uma estratégia adaptativa para o posterior estabelecimento de suas plântulas perante essas condições ambientais de temperatura.

Referências bibliográficas

AB'SÁBER, A. N. O domínio morfoclimático semi-árido das Caatingas brasileiras. *Geomorfologia*, v. 43, p. 1-39, 1974.

BARROS, I. O.; SOARES, A. A. Adaptações anatômicas em folhas de marmeleiro e velame da caatinga brasileira. *Revista Ciência Agronômica*, v. 44, n. 1, p. 192-198, 2013.

BLANKENSHIP, R. E. Photosynthesis: the light reactions. In: TAIZ, L.; ZEIGER, E.; MØLLER, I. M.; MURPHY, A. (Ed.). *Plant Physiology and Development*. 6. ed. Sunderland: Sinauer Associates, Inc., 2015. p. 171-202.

BLOEMEN, J.; McGUIRE, M. A.; AUBREY, D. P.; TESKEY, R. O.; STEPPE, K. Internal recycling of respired CO_2 may be important for plant functioning under changing climate regimes. *Plant Signaling & Behavior*, v. 8, n. 12, p. e27530, 2013.

BLUMWALD, E.; MITTLER, R. Abiotic stress. In: TAIZ, L.; ZEIGER, E.; MØLLER, I. M.; MURPHY, A. (Ed.). *Plant Physiology and Development*. 6. ed. Sunderland: Sinauer Associates, Inc., 2015. p. 731-761.

BRASIL. Ministério do Meio Ambiente. *Biodiversidade brasileira*: avaliação e identificação de áreas e ações prioritárias para conservação, utilização sustentável e repartição dos benefícios da biodiversidade nos biomas brasileiros. Brasília: MMA; SBF, 2002. 404 p.

BRASIL. Ministério do Meio Ambiente. *Caatinga*. 2012. Disponível em: <http://www.mma.gov.br/component/k2/itemlist/category/55-caatinga?start=15>. Acesso em: 6 abr. 2018.

BRASIL. Ministério do Meio Ambiente. *Caderno da Região Hidrográfica do Parnaíba*. Brasília: MMA; SRH, 2006. 184 p.

BRASIL. Ministério do Meio Ambiente. *Subsídios para a elaboração do plano de ação para a prevenção e controle do desmatamento na Caatinga*. Brasília: MMA, 2011. 128 p.

BRITO, S. M. O.; COUTINHO, H. D. M.; TALVANI, A.; CORONEL, C.; BARBOSA, A. G. R.; VEGA, C.; FIGUEREDO, F. G.; TINTINO, S. R.; LIMA, L. F.; BOLIGON, A. A.; ATHAYDE, M. L.; MENEZES, I. R. A. Analysis of bioactivities and chemical composition of *Ziziphus joazeiro* Mart. using HPLC-DAD. *Food Chemistry*, v. 186, p. 185-191, 2015.

BUCHANAN, B. B.; WOLOSIUK, R. A. Photosynthesis: the carbon reactions. In: TAIZ, L.; ZEIGER, E.; MØLLER, I. M.; MURPHY, A. (Ed.). *Plant Physiology and Development*. 6. ed. Sunderland: Sinauer Associates, Inc., 2015. p. 203-444.

CARDOSO, M. P.; LIMA, L. S.; DAVID, J. P.; MOREIRA, B. O.; SANTOS, E. O.; DAVID, J. M.; ALVES, C. Q. A new biflavonoid from *Schinopsis brasiliensis* (Anacardiaceae). *Journal of the Brazilian Chemical Society*, v. 26, n. 7, p. 1527-1531, 2015.

CBHSF – COMITÊ DA BACIA HIDROGRÁFICA DO RIO SÃO FRANCISCO. A Bacia. 2017. Disponível em: <http://cbhsaofrancisco.org.br/2017/a-bacia/>. Acesso em: 27 abr. 2018.

DANTAS, B. F.; MATIAS, J. R.; MENDES, R. B.; RIBEIRO, R. C. "As sementes da Caatinga são...": um levantamento das características das sementes da Caatinga. *Informativo ABRATES*, v. 24, n. 3, p. 18-23, 2014.

DAS, K.; ROYCHOUDHURY, A. Reactive oxygen species (ROS) and response of antioxidants as ROS-scavengers during environmental stress in plants. *Frontiers in Environmental Science*, v. 2, p. 53-65, 2014.

FERNANDES, M. F.; QUEIROZ, L. P. Vegetação e flora da Caatinga. *Ciência e Cultura*, v. 70, n. 4, p. 51-56, 2018.

FIGUEIREDO, K. V.; OLIVEIRA, M. T.; ARRUDA, E. C. P.; SILVA, B. C. F.; SANTOS, M. G. Changes in leaf epicuticular wax, gas exchange and biochemistry metabolism between *Jatropha mollissima* and *Jatropha curcas* under semi-arid conditions. *Acta Physiologiae Plantarum*, v. 37, n. 108, p. 1-11, 2015.

FOWLER, A. J. P.; BIANCHETTI, A. *Dormência em sementes florestais*. Colombo: Embrapa Florestas, 2000. 27 p. (Documentos, 40).

GILL, S. S.; TUTEJA, N. Reactive oxygen species and antioxidant machinery in abiotic stress tolerance in crop plants. *Plant Physiology and Biochemistry*, v. 48, p. 909-930, 2010.

GUREVITCH, J.; SCHEINER, S. M.; FOX, G. A. *Ecologia vegetal*. Tradução: Fernando Gertum Becker. 2. ed. Porto Alegre: Artmed, 2009. 592 p.

HOLBROOK, N. M. Water and plant cells. In: TAIZ, L.; ZEIGER, E.; MØLLER, I. M.; MURPHY, A. (Ed.). *Plant Physiology and Development*. 6. ed. Sunderland: Sinauer Associates, Inc., 2015a. p. 83-98.

HOLBROOK, N. M. Water balance of plants. In: TAIZ, L.; ZEIGER, E.; MØLLER, I. M.; MURPHY, A. (Ed.). *Plant Physiology and Development*. 6. ed. Sunderland: Sinauer Associates, Inc., 2015b. p. 99-118.

KOCH, K.; BHUSHAN, B.; BARTHLOTT, W. Multifunctional surface structures of plants: an inspiration for biomimetics. *Progress in Materials Science*, v. 54, p. 137-178, 2009.

LIMA, A. L. A.; RODAL, M. J. N. Phenology and wood density of plants growing in the semi-arid region of northeastern Brazil. *Journal of Arid Environments*, v. 74, n. 11, p. 1363-1373, 2010.

MEIADO, M. V.; ALBUQUERQUE, L. S. C.; ROCHA, E. A.; ROJAS-ARÉCHIGA, M.; LEAL, I. R. Seed germination responses of *Cereus jamacaru* DC. ssp. *jamacaru* (Cactaceae) to environmental factors. *Plant Species Biology*, v. 25, p. 120-128, 2010.

MENDES, K. R.; GRANJA, J. A. A.; OMETTO, J. P.; ANTONINO, A. C. D.; MENEZES, R. S. C.; PEREIRA, E. C.; POMPELLI, M. F. *Croton blanchetianus* modulates its morphophysiological responses to tolerate drought in a tropical dry forest. *Functional Plant Biology*, v. 44, n. 10, p. 1039-1051, 2017.

MICKELBART, M. V.; HASEGAWA, P. M.; SALT, D. E. Responses and adaptations to abiotic stress. In: TAIZ, L.; ZEIGER, E. (Ed.). *Plant Physiology*. 5. ed. Sunderland: Sinauer Associates, Inc., 2010. p. 755-782.

MORAES, V. R. S.; THOMASI, S. S.; SPRENGER, R. F.; PRADO, V. M. J.; CRUZ, E. M. O.; CASS, Q. B.; FERREIRA, A. G.; BLANK, A. F. Secondary metabolites from an infusion of *Lippia gracilis* Schauer using the LC-DAD-SPE/NMR hyphenation technique. *Journal of the Brazilian Chemical Society*, v. 28, n. 7, p. 1335-1340, 2017.

MOURA, M. S. B.; GALVINCIO, J. D.; BRITO, L. T. L.; SOUZA, L. S. B.; SÁ, I. I. S.; SILVA, T. G. F. Clima e água de chuva no Semi-Árido. In: BRITO, L. T. L.; MOURA, M. S. B.; GAMA, G. F. B. (Ed.). *Potencialidades da Água de Chuva no Semi-Árido Brasileiro*. Petrolina: Embrapa Semiárido, 2007. p. 37-59.

NEVES, E. L.; FUNCH, L. S.; VIANA, B. F. Comportamento fenológico de três espécies de *Jatropha* (Euphorbiaceae) da Caatinga, semi-árido do Brasil. *Revista Brasileira de Botânica*, v. 33, n. 1, p. 155-166, 2010.

OLIVEIRA, A. F. M.; MEIRELLES, S. T.; SALATINO, A. Epicuticular waxes from caatinga and cerrado species and their efficiency against water loss. *Anais da Academia Brasileira de Ciências*, v. 75, n. 4, p. 431-439, 2003.

OLIVEIRA-JÚNIOR, R. G.; ARAÚJO, C. S.; SOUZA, G. R.; GUIMARÃES, A. L.; OLIVEIRA, A. P.; LIMA-SARAIVA, S. R. G.; MORAIS, A. C. S.; SANTOS, J. S. R.; ALMEIDA, J. R. G. S. In vitro antioxidant and photoprotective activities of dried extracts from *Neoglaziovia variegata* (Bromeliaceae). *Journal of Applied Pharmaceutical Science*, v. 3, n. 1, p. 122-127, 2013.

OLIVEIRA-JÚNIOR, R. G.; OLIVEIRA, A. P.; GUIMARÃES, A. L.; ARAÚJO, E. C. C.; BRAZ-FILHO, R.; ØVSTEDAL, D. O.; FOSSEN, T.; ALMEIDA, J. R. G. S. The first flavonoid isolated from *Bromelia laciniosa* (Bromeliaceae). *Journal of Medicinal Plant Research*, v. 8, n. 14, p. 558-563, 2014.

PALHARES NETO, L.; SOUZA, L. M.; MORAIS, M. B.; ARRUDA, E.; FIGUEIREDO, R. C. B. Q.; ALBUQUERQUE, C. C.; ULISSES, C. Morphophysiological and biochemical responses of Lippia grata Schauer (Verbenaceae) to water deficit. Journal of Plant Growth Regulation, v. 38, n. 2, p. 1-15, 2019.

PEER, W.; MURPHY, A.; TAIZ, L. Seed dormancy, germination, and seedling establishment. In: TAIZ, L.; ZEIGER, E.; MØLLER, I. M.; MURPHY, A. (Ed.). Plant Physiology and Development. 6. ed. Sunderland: Sinauer Associates, Inc., 2015. p. 513-552.

PEER, W.; SULLIVAN, J. H.; CHRISTIE, J.; MURPHY, A.; TAIZ, L. Signals from sunlight. In: TAIZ, L.; ZEIGER, E.; MØLLER, I. M.; MURPHY, A. (Ed.). Plant Physiology and Development. 6. ed. Sunderland: Sinauer Associates, Inc., 2015. p. 447-476.

PIO, I. D. S. L.; LAVOR, A. L.; DAMASCENO, C. M. D.; MENEZES, P. M. N.; SILVA, F. S.; MAIA, G. L. A. Traditional knowledge and uses of medicinal plants by the inhabitants of the islands of the São Francisco river, Brazil and preliminary analysis of Rhaphiodon echinus (Lamiaceae). Brazilian Journal of Biology, v. 79, n. 1, p. 87-99, 2019.

PIRASTEH-ANOSHEH, H.; SAED-MOUCHESHI, A.; PAKNIYAT, H.; PESSARAKLI, M. Stomatal responses to drought stress. In: AHMAD, P. Water stress and crop plants: a sustainable approach. Chichester: John Wiley & Sons, 2016. p. 24-40.

REECE, J. B.; URRY, L. A.; CAIN, M. L.; WASSERMAN, S. A.; MINORSKY, P. V.; JACKSON, R. B. Campbell Biology. 10. ed. San Francisco: Pearson Benjamin Cummings, 2014. 1488 p.

REINERT, F.; BLANKENSHIP, R. E. Evolutionary aspects of Crassulacean acid metabolism. Oecologia Australis, v. 14, n. 2, p. 359-368, 2010.

RICKLEFS, R. E.; RELYEA, R. Ecology: the economy of nature. 7. ed. New York: W. H. Freeman and Company, 2014. 620 p.

SAMPAIO, E. V. S. B. Características e potencialidades. In: GARIGLIO, M. A.; SAMPAIO, E. V. S. B.; CESTARO, L. A.; KAGEYAMA, P. Y. (Org.). Uso sustentável e conservação dos recursos florestais da caatinga. Brasília: Serviço Florestal Brasileiro, 2010. p. 29-48.

SAMPAIO, E. V. S. B. Overview of the Brazilian Caatinga. In: BULLOCK, S. H.; MOONEY, H. A.; MEDINA, E. (Ed.). Seasonally Dry Tropical Forests. Cambridge: Cambridge University Press, 1995. p. 35-63.

SANDQUIST, D.; EHLERINGER, J. Photosynthesis: physiological and ecological considerations. In: TAIZ, L.; ZEIGER, E.; MØLLER, I. M.; MURPHY, A. (Ed.). Plant Physiology and Development. 6. ed. Sunderland: Sinauer Associates, Inc., 2015. p. 245-268.

SANTANA, C. R. R.; OLIVEIRA-JÚNIOR, R. G.; ARAÚJO, C. S.; SOUZA, G. R.; LIMA-SARAIVA, S. R. G.; GUIMARÃES, A. L.; OLIVEIRA, A. P.; SIQUEIRA FILHO, J. A.; PACHECO, A. G. M.; ALMEIDA, J. R. G. S. Phytochemical screening, antioxidant and antibacterial activity of *Encholirium spectabile* (Bromeliaceae). *International Journal of Sciences*, v. 1, p. 1-19, 2012.

SILVA, E. C.; NOGUEIRA, R. J. M. C.; NETO, A. D. A.; BRITO, J. Z.; CABRAL, E. L. Aspectos ecofisiológicos de dez espécies em uma área de caatinga no município de Cabaceiras, Paraíba, Brasil. *Iheringia*, v. 59, n. 2, p. 201-205, 2004.

SILVA, J. A. G.; SILVA, G. C.; SILVA, M. G. F.; SILVA, V. F.; AGUIAR, J. S.; SILVA, T. G.; LEITE, S. P. Physicochemical characteristics and cytotoxic effect of the methanolic extract of *Croton heliotropiifolius* Kunth (Euphorbiaceae). *African Journal of Pharmacy and Pharmacology*, v. 11, n. 28, p. 321-326, 2017a.

SILVA, J. M. C.; BARBOSA, L. C. F.; LEAL, I. R.; TABARELLI, M. The Caatinga: understanding the challenges. In: SILVA, J. M. C.; LEAL, I. R.; TABARELLI, M. (Org.). *Caatinga: the largest tropical dry forest region in South America*. 1. ed. Cham: Springer International Publishing, 2017b. p. 3-19.

SILVA-PINHEIRO, J.; LINS, L.; SOUZA, F. C.; SILVA, C. E. M.; MOURA, F. B. P.; ENDRES, L.; JUSTINO, G. C. Drought-stress tolerance in three semi-arid species used to recover logged areas. *Brazilian Journal of Botany*, v. 39, n. 4, p. 1031-1038, 2016.

SILVEIRA, D. G.; PELACANI, C. R.; ANTUNES, C. G. C.; ROSA, S. S.; SOUZA, F. V. D.; SANTANA, J. R. F. Resposta germinativa de sementes de caroá [*Neoglaziovia variegata* (Arruda) Mez]. *Ciência e Agrotecnologia*, v. 35, n. 5, p. 948-955, 2011.

TABARELLI, M.; VICENTE, A. Conhecimento sobre plantas lenhosas da Caatinga: lacunas geográficas e ecológicas. In: SILVA, J. M. C.; TABARELLI, M.; FONSECA, M. F.; LINS, L. V. (Org.). *Biodiversidade da Caatinga: áreas e ações prioritárias para a conservação*. Brasília: Ministério do Meio Ambiente; Universidade Federal de Pernambuco, 2003. p. 101-112.

TAIZ, L. Plant senescence and cell death. In: TAIZ, L.; ZEIGER, E.; MØLLER, I. M.; MURPHY, A. (Ed.). *Plant Physiology and Development*. 6. ed. Sunderland: Sinauer Associates, Inc., 2015. p. 665-692.

TESKEY, R. O.; SAVEYN, A.; STEPPE, K.; McGUIRE, M. A. Origin, fate and significance of CO_2 in tree stems. *New Phytologist*, v. 177, p. 17-32, 2008.

TORRES, D. S.; PEREIRA, E. C. V.; SAMPAIO, P. A.; SOUZA, N. A. C.; FERRAZ, C. A. A.; OLIVEIRA, A. P.; MOURA, C. A.; ALMEIDA, J. R. G. S.; ROLIM-NETO, P. J.; OLIVEIRA-JÚNIOR, R. G.; ROLIM, L. A. Influência do método extrativo no teor de flavonoides de *Cnidoscolus quercifolius* Pohl (Euphorbiaceae) e atividade antioxidante. *Química nova*, v. 41, n. 7, p. 743-747, 2018.

UCHÔA, A. D. A.; OLIVEIRA, W. F.; PEREIRA, A. P. C.; SILVA, A. G.; CORDEIRO, B. M. P. C.; MALAFAIA, C. B.; ALMEIDA, C. M. A.; SILVA, N. H.; ALBUQUERQUE, J. F. C.; SILVA, M. V.; CORREIA, M. T. S. Antioxidant activity and phytochemical profile of *Spondias tuberosa* arruda leaves extracts. *American Journal of Plant Sciences*, v. 6, n. 19, p. 3038-3044, 2015.

VEIT, B.; MURPHY, A. Embryogenesis. In: TAIZ, L.; ZEIGER, E.; MØLLER, I. M.; MURPHY, A. (Ed.). *Plant Physiology and Development*. 6. ed. Sunderland: Sinauer Associates, Inc., 2015. p. 477-511.

VELLOSO, A. L.; SAMPAIO, E. V. S. B.; PAREYN, F. G. C. *Ecorregiões propostas para o Bioma Caatinga*. Recife: Associação Plantas do Nordeste; The Nature Conservancy Brasil, 2002. 76 p.

ZEIGER, E. Stomatal biology. In: TAIZ, L.; ZEIGER, E.; MØLLER, I. M.; MURPHY, A. (Ed.). *Plant Physiology and Development*. 6. ed. Sunderland: Sinauer Associates, Inc., 2015. p. 269-284.